Origin and Evolution of Qi 4.0

炁体源流 4.0

侯彦军　著

Billson International Ltd.

Published by
Billson International Ltd
27 Old Gloucester Street
London
WC1N 3AX
Tel:(852)95619525

Website:www.billson.cn
E-mail address:cs@billson.cn

First published 2024

ISBN 978-1-80377-079-6

Hebei Zhongban Culture Development Co.,Ltd
Wanda Office Building B, 215 Jianhua South Street, Yuhua District, Shijiazhuang City, Hebei province, 2207

认真的老板
遇到努力的你

本笔记《立体源流》继续由大龙抄录，内容较详细，本次版本升级了细节图片，增加了一些经典例题，为数学大佬增加了一些经典不等式。抄录过程中不可避免会出现抄录错误，欢迎指正！

目 录

目　录

目　录

目　录

函数的四大性质

函数三要素： ①定义域 ②对应关系 ③值域　　eg: $y=\frac{1}{x}\ (x\neq0)$

四性质： ①单调性(人) ②奇偶性 ③周期性 ④对称性

深入研究：奇偶性

奇函数：关于原点对称的函数

定义：$f(x)+f(-x)=0$

$f(-x)=-f(x)$

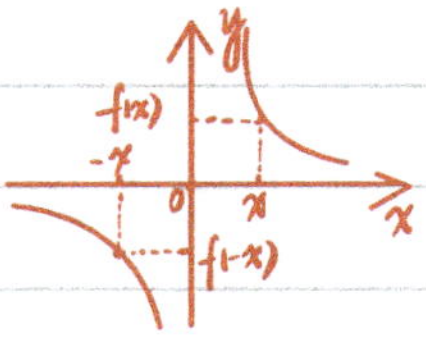

偶函数：关于y轴对称的函数

定义：$f(-x)=f(x)$

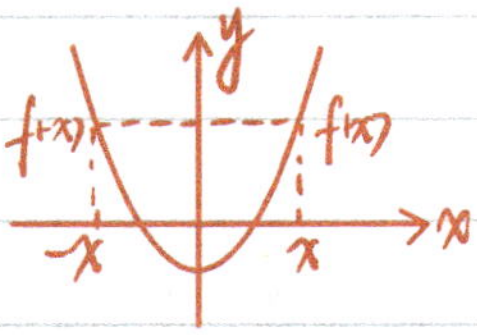

归纳总结高中常考的奇函数

① $y=x$

$y=kx$

(正比例函数)

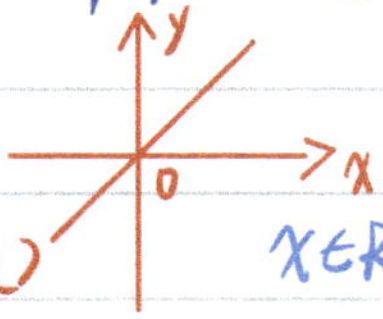

$x\in R$

② $y=\frac{k}{x}$ (反比例函数) $x\neq0$

$x\in(-\infty,0)\cup(0,+\infty)$

③ $y=A\sin\omega x$

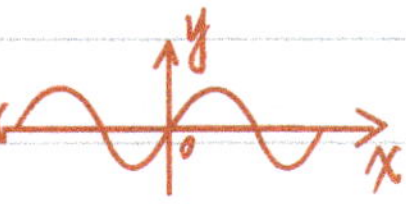

④ $y=A\tan\omega x$

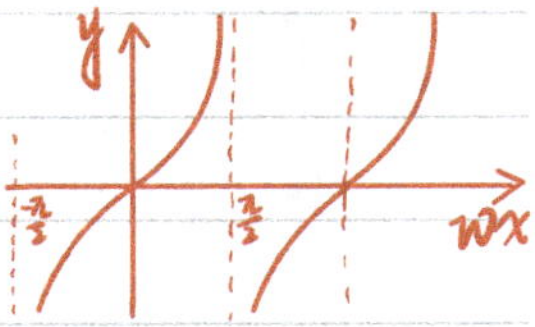

⑤ $y=ax+\frac{b}{x}$ $(a>0, k>0)$
对勾函数(nike)函数

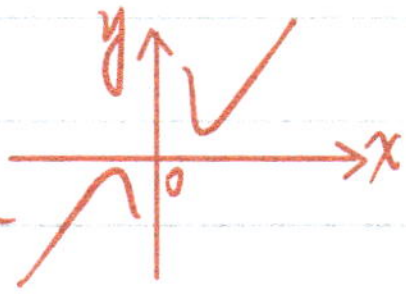

⑥ (双刀函数)
$y=ax-\frac{b}{x}$ $(a>0, k>0)$

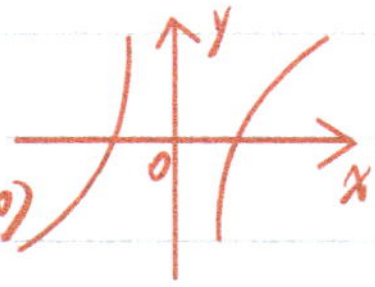

⑦ $y=|x+a|-|x-a|$
(滑梯函数)

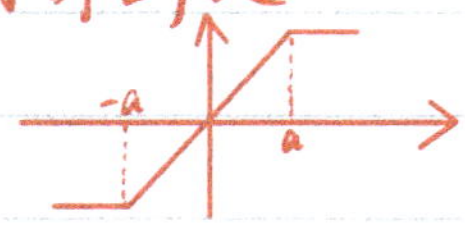

⑧ $f(x)=x^3$ $f(x)=-x^3$

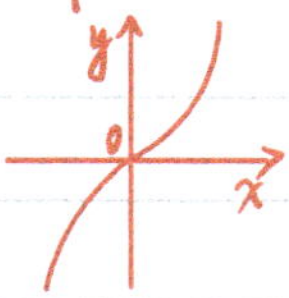

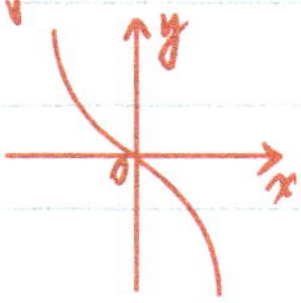

例子：$y=|x+1|-|x-1|$ 的单调增区间 $[-1,1]$

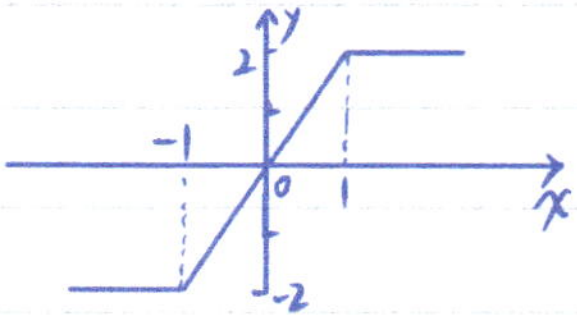

⑨ $f(x)=\log_a\frac{1-bx}{1+bx}$ / $f(x)=\log_a\frac{1+bx}{1-bx}$

证明：$f(x)=\log_a\frac{1-bx}{1+bx}$
$f(-x)=\log_a\frac{1+bx}{1-bx}$
$f(x)+f(-x)=\log_a\frac{1-bx}{1+bx}+\log_a\frac{1+bx}{1-bx}=\log_a\frac{1-bx}{1+bx}\times\frac{1+bx}{1-bx}=\log_a 1=0$

补充：$\log_a b+\log_a c=\log_a bc$ $\log_a b-\log_a c=\log_a\frac{b}{c}$

⑩ $f(x)=\log(\sqrt{1+b^2x^2}+bx)$ / $f(x)=\log_a(\sqrt{1+b^2x^2}-bx)$

证明：$f(x)=\log_a(\sqrt{1+b^2x^2}+bx)$，$f(-x)=\log_a(\sqrt{1+b^2x^2}-bx)$

补充 $(a+b)(a-b)=a^2-b^2$

$f(x)+f(-x)=\log_a(\sqrt{1+b^2x^2}+bx)(\sqrt{1+b^2x^2}-bx)=\log_a(1+b^2x^2-b^2x^2)=\log_a 1=0$

⑪ $f(x)=a^{x}-a^{-x}$

$f(x)=e^{x}-e^{-x}$

$f(x)=a^{ex}-a^{-ex}$

推广：$y=f(x)-f(-x)$ ⇓ 奇函数

证明：$f(x)=a^{x}-a^{-x}$

$f(-x)=a^{-x}-a^{x}$

$\therefore f(x)+f(-x)=a^{x}-a^{-x}+a^{-x}-a^{x}=0$

∴为奇函数

⑫ $y=\frac{a^{x}+1}{a^{x}-1}\Big/\frac{a^{x}-1}{a^{x}+1}$　$y=\frac{e^{x}+1}{e^{x}-1}\Big/\frac{e^{x}-1}{e^{x}+1}$　$y=\frac{e^{x}-e^{-x}}{e^{x}+e^{-x}}\Big/\frac{a^{x}-a^{-x}}{a^{x}+a^{-x}}$

证明：

$f(x)=\frac{a^{x}+1}{a^{x}-1}$　$f(-x)=\frac{a^{-x}+1}{a^{-x}-1}$

$f(x)+f(-x)=\frac{a^{x}+1}{a^{x}-1}+\frac{\frac{1}{a^{x}}+1}{\frac{1}{a^{x}}-1}$

$=\frac{a^{x}+1}{a^{x}-1}+\frac{1+a^{x}}{1-a^{x}}$

$=\frac{a^{x}+1-1-a^{x}}{a^{x}-1}=0$

$\therefore f(x)+f(-x)=0$　$f(x)$为奇函数

证明：

$f(x)=\frac{e^{x}-e^{-x}}{e^{x}+e^{-x}}$

$f(-x)=\frac{e^{-x}-e^{x}}{e^{-x}+e^{x}}$

$f(x)+f(-x)=\frac{e^{x}-e^{-x}+e^{-x}-e^{x}}{e^{x}+e^{-x}}=0$

高中常考偶函数

① $y=x^2, x^4, x^6 \cdots$

② $y=A\cos\omega x$

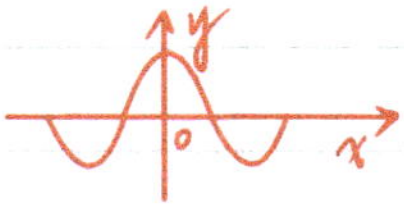

③ $y=a|x|$ $a>0$

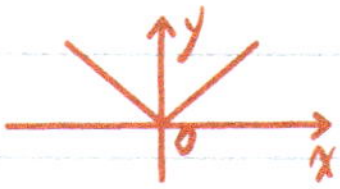

，$a<0$

④ $y=|x+a|+|x-a|$（平底锅）

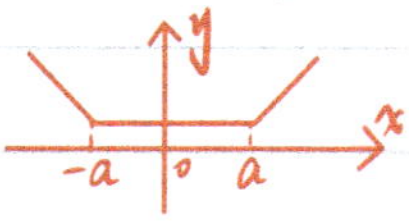

⑤ $y=a^x+a^{-x}$

$y=e^x+e^{-x}$

$y=a^{ex}+a^{-ex}$

证明：$f(x)=a^x+a^{-x}$

$f(-x)=a^{-x}+a^x$

$f(x)=f(-x)$

推广：$y=f(x)+f(-x)$

⇓

y 为偶函数

⑥ $y=ax^2+bx+c\ (b=0)$ 时 偶函数

技巧：奇(-) 偶(+)

$g(x)=f(x)\cdot h(x)$

奇×偶=奇

奇 × 奇 = 偶

偶 × 偶 = 偶

奇 + 奇 = 奇

奇 + 偶 = 非奇非偶

$\frac{奇}{偶}$ = 奇

① 单纯给"|x|"的函数，均为偶函数

如：$y=\ln|x|$，$y=e^{|x|}$，$y=x^2-2|x|-3$　"口诀"去左翻右"

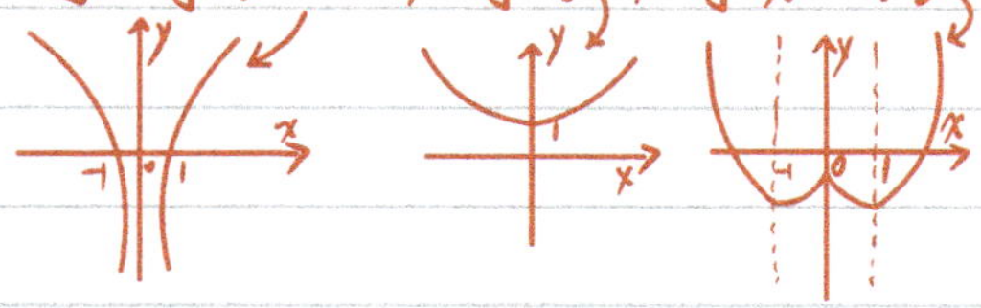

奇偶性的性质如下：

性质1：

① $g(x)=f(x)+C$
　　　　奇　常数
$g(x)+g(-x)=2C$

证明：$g(x)=f(x)+C$
$g(-x)=f(-x)+C$
$g(x)+g(-x)=f(x)+C+f(-x)+C=2C$

eg：

$f(x)=(x-\frac{1}{x})\cdot\cos 2x+1$　　$f(1)=3$　求 $f(-1)=-1$

$(x-\frac{1}{x})$ 奇，$\cos 2x$ 偶 ⇒ 奇

$f(1)+f(-1)=2$
⇓ 3　　⇓ -1

性质2：

$f(x)=\frac{k}{a^x+1}+$奇函数$+C$　　$f(x)+f(-x)=k+2C$

$f(x)=\frac{k}{a^x-1}+$奇函数$+C$　　$f(x)+f(-x)=-k+2C$

性质3：

$g(x)=f(x)+h(x)$（$f(x)$ 奇，$h(x)$ 偶）

则 $g(x)+g(-x)=2h(x)$

证明：$g(x)=f(x)+h(x)$

$g(-x)=f(-x)+h(-x)$

$g(x)+g(-x)=f(x)+f(-x)+h(x)+h(-x)$

$=2h(x)$

性质4：

$f(x)=\frac{k}{a^x+1}$

$f(x)+f(-x)=k$

$f(x)=\frac{k}{a^x-1}$

$f(x)+f(-x)=-k$

证明：$f(x)+f(-x)=\frac{k}{a^x+1}+\frac{k}{a^{-x}+1}$

$=\frac{k}{a^x+1}+\frac{k}{\frac{1}{a^x}+1}$

$=\frac{k}{a^x+1}+\frac{k\cdot a^x}{a^x+1}=k$

性质5：

$g(x)=f(x)+c$（$f(x)$ 奇，c 常数）

$g(x)_{max}+g(x)_{min}=2c$

证明：$f(x)$ 关于原点 $(0,0)$ 对称

$g(x)$ 关于 $(0,c)$ 对称

eg：$g(x)=\frac{2x^2+1}{\sin 2x}+2$（$2x^2+1$ 偶，$\sin 2x$ 奇）则 $g(x)_{max}+g(x)_{min}=4$

高考常考2个抽象函数

<1> $f(x_1+x_2)=f(x_1)+f(x_2)$ 奇 $\Rightarrow f(x+y)=f(x)+f(y)$

证明：$x_1=x_2=0$ $f(0)=f(0)+f(0)$ ∴$f(0)=0$

$x_2=-x_1$ $f(0)=f(x_1)+f(-x_1)=0$

∴$f(x)$为奇函数

<2> $f(x_1\cdot x_2)=f(x_1)+f(x_2)$ 偶

证明：$x_1=x_2=1$ $f(1)=f(1)+f(1)$ ∴$f(1)=0$

$x_1=x_2=-1$ $f(1)=f(-1)+f(-1)$ ∴$f(-1)=0$

$x_2=-1$

$f(-x_1)=f(x_1)+f(-1)$

$f(-x_1)=f(x_1)$ ∴$f(x)$为偶函数

函数单调性

$f(x)$ $g(x)$

① $\uparrow$ $+$ $\uparrow$ $=$ $\uparrow$

② $\downarrow$ $+$ $\downarrow$ $=$ $\downarrow$

③ $\uparrow$ $-$ $\downarrow$ $=$ $\uparrow$ $\longrightarrow$ $eg: y = e^x - e^{-x}$ $\uparrow - \downarrow = \uparrow$ $y \uparrow$

④ $\downarrow$ $-$ $\uparrow$ $=$ $\downarrow$ $\longrightarrow$ $eg: y = e^{-x} - e^x$ $\downarrow - \uparrow = \downarrow$ $y \downarrow$

⑤ $\uparrow$ $\cdot$ $\uparrow$ $=$ $\uparrow$ ✗

$\left. \begin{array}{l} f(x) > 0 \quad g(x) > 0 \\ f(x) \uparrow \quad g(x) \uparrow \end{array} \right\} \Rightarrow f(x) \cdot g(x) \uparrow$

反例	当 $x > 0$ 时 $-\frac{1}{x} < 0$
$eg: (-\frac{1}{x}) \cdot e^x = f(x)$	$e^x > 0$
$f(1) = -1 \cdot e = -e$	但 $-\frac{1}{x} \uparrow$ $e^x \uparrow$
$f(2) = -\frac{1}{2} \cdot e^2 = -\frac{e^2}{2}$	$f(x) \downarrow$

$f(x) \left\{ \begin{array}{l} ① \, af(x) \uparrow \quad a > 0 \\ ② \, af(x) \downarrow \quad a < 0 \\ ③ \, \frac{1}{f(x)} \downarrow \left\{ \begin{array}{l} ④ \, a\frac{1}{f(x)} \uparrow \quad a < 0 \\ ⑤ \, a\frac{1}{f(x)} \downarrow \quad a > 0 \end{array} \right. \\ ⑥ \, \sqrt{f(x)} \uparrow \quad f(x) > 0 \left\{ \begin{array}{l} ⑦ \, a\sqrt{f(x)} \uparrow \quad a > 0 \\ ⑧ \, a\sqrt{f(x)} \downarrow \quad a < 0 \end{array} \right. \end{array} \right.$

奇偶+单调：当奇偶与单调同时出现时，优先考虑奇偶再判断单调.

eg：$f(x)=\frac{-1}{1+x^2}$ 单调性 当 $x\in(0,+\infty)$ ↑

x^2 ↑ x^2+1 ↑ ∵ $f(x)$ 为偶 ∴ $f(x)$ 在 $(-\infty,0)$ ↓

$\frac{1}{x^2+1}$ ↓ $\frac{-1}{x^2+1}$ ↑

eg：$f(x)=\ln(|x|+1)-\frac{1}{1+x^2}$ 先判断奇偶.

当 $x\in(0,+\infty)$ 时 $\ln(x+1)$ ↑ $-\frac{1}{1+x^2}$ ↑ $f(x)$ ↑

∵ $f(x)$ 为偶 ∴ $x\in(-\infty,0)$ 时 $f(x)$ ↓

eg. 已知 $f(x)=-|x-1|+|x+3|$，则 $f(x)$ 的单调增区间 $[-3,1]$

滑梯 $f(x)=|x+3|-|x-1|$

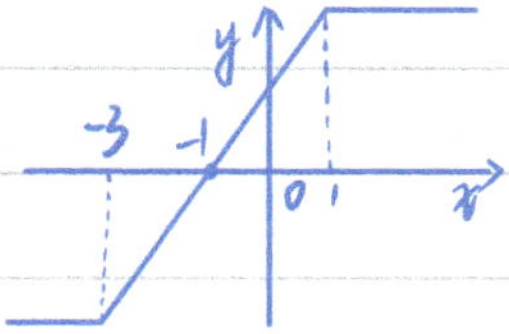

复合函数求单调（同增异减）

$y = a^{f(x)}$

$y = \log_a f(x)$ （常考）$\begin{cases} f(x) > 0 \\ \text{定义域} \end{cases}$

$f(x)\uparrow$	$f(x)\downarrow$	$f(x)\downarrow$	$f(x)\uparrow$
$a>1\uparrow$	$0<a<1\downarrow$	$1<a\uparrow$	$0<a<1\downarrow$
$y\uparrow$	$y\uparrow$	$y\downarrow$	$y\downarrow$

分段函数求单调：（衔接点）

$f(x) = \begin{cases} g(x) & x \geq a \\ h(x) & x < a \end{cases}$ $f(x)\uparrow$

$g(x)\uparrow$ $h(x)\uparrow$ （衔接点）

eg: $f(x) = \begin{cases} ax + a & x \leq 0 \\ e^x\uparrow & x > 0 \end{cases}$ $f(x)\uparrow$ 求 a 范围

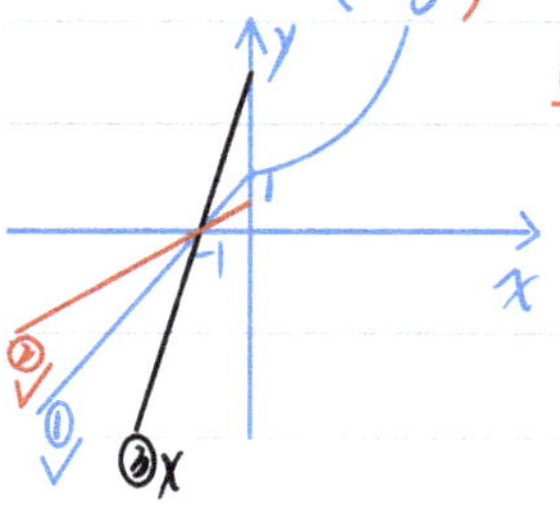

$a > 0$

$e^0 \geq a \times 0 + a$

$1 \geq a$

$0 < a \leq 1$ ✓

保证两段都增的同时
衔接点处比较大小.

函数的周期性

技巧："x"的符号是相同的。

最小正周期 ① $f(x)=f(x+a)$　$T=|a|$

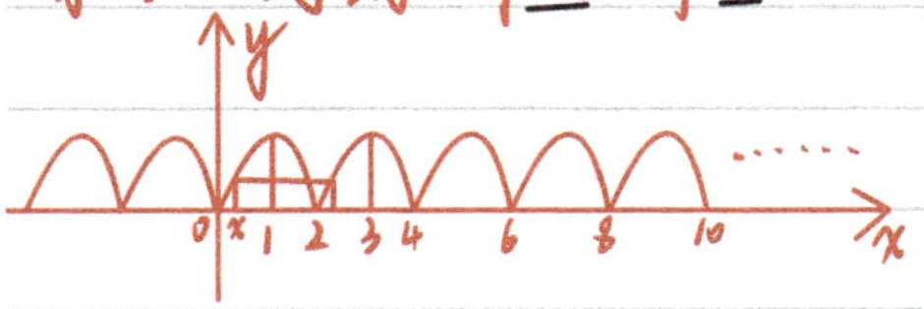

$\therefore T=2$

$\therefore f(1)=f(3)=f(5)=f(7)$　$\therefore f(x)=f(x+2)$

② $f(x+a)=f(x+b)$　$T=|a-b|$

例：$f(x+1)=f(x+5)$　$T=4$

③ $f(x)=-f(x+a)+b$ 则 $T=2|a|$

证明：$f(x+a)=-f(x+2a)+b$

$f(x+a)=-f(x)+b$

$f(x)=f(x+2a)$　$\therefore T=2|a|$

④ $f(x)=-f(x+a)$　$T=2|a|$

证明：$f(x+a)=-f(x+2a)$

$-f(x)=f(x+a)$

$f(x)=f(x+2a)$　$\therefore T=2|a|$

⑤ $f(x)=-\dfrac{1}{f(x+a)}$　$T=2|a|$

$f(x+a)=-\dfrac{1}{f(x+2a)}$

$\dfrac{1}{f(x)}=\dfrac{1}{f(x+2a)}$

$\therefore f(x)=f(x+2a)$　$\therefore T=2|a|$

⑥ $f(x+a)=\frac{1+f(x)}{1-f(x)}$ $T=4|a|$

证明：$f(x+a)=\frac{1+f(x)}{1-f(x)}$ ①

$f(x+a+a)=\frac{1+f(x+a)}{1-f(x+a)}$ $f(x+2a)=\frac{1+f(x+a)}{1-f(x+a)}$ ②

将①代入②中

$$f(x+2a)=\frac{1+\frac{1+f(x)}{1-f(x)}}{1-\frac{1+f(x)}{1-f(x)}}=\frac{\frac{1-f(x)+1+f(x)}{1-f(x)}}{\frac{1-f(x)-1-f(x)}{1-f(x)}}$$

$$f(x+2a)=\frac{\frac{2}{1-f(x)}}{\frac{-2f(x)}{1-f(x)}}=-\frac{1}{f(x)}$$ $\therefore T=4|a|$

例：$f(x)=\tan x$

$$f(x+\frac{\pi}{4})=\frac{\tan x+\tan\frac{\pi}{4}}{1-\tan x\tan\frac{\pi}{4}}=\frac{1+\tan x}{1-\tan x}$$ $\therefore T=\pi$

⑦ $f(x+a)=\dfrac{1-f(x)}{1+f(x)}$　　$T=2|a|$

例：$f(x+1)=\dfrac{1+f(x)}{1-f(x)}$，且 $f(1)=3$，求 $f(2022)=\underline{-2}$

$T=4$，$f(2022)=f(2)$

当 $x=1$ 时　$f(2)=\dfrac{1+f(1)}{1-f(1)}=\dfrac{4}{-2}=-2$

⑧ $f(x+2a)=f(x+a)-f(x)$

证明：$f(x+2a)=f(x+a)-f(x)$ ①

$f(x+3a)=f(x+2a)-f(x+a)$ ②

①+② $f(x+2a)+f(x+3a)=f(x+a)-f(x)+f(x+2a)-f(x+a)$

$f(x+3a)=-f(x)$　∴ $T=6|a|$

技巧："x"的符号相反

1. 轴对称

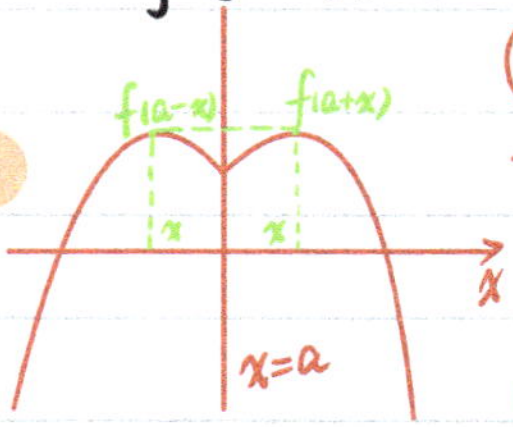

① $f(a+x)=f(a-x)$

$\frac{a+x+a-x}{2}=a$ ∴关于 $x=a$ 对称

② $f(a+x)=f(b-x)$

∴关于 $x=\frac{a+x+b-x}{2}=\frac{a+b}{2}$ 对称

2. 中心对称

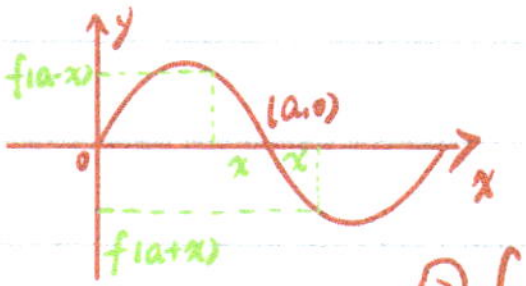

③ $f(a+x)+f(a-x)=0$

注意 $f(a+x)=-f(a-x)$ 移项后同样是对称

$\left(\frac{a+x+a-x}{2},\frac{0}{2}\right)\Rightarrow(a,0)$ 对称

④ $f(a+x)+f(b-x)=c$　$\left(\frac{a+x+b-x}{2},\frac{c}{2}\right)$

关于 $\left(\frac{a+b}{2},\frac{c}{2}\right)$ 对称

对称+奇偶

$a>0$

① $f(a+x)$ 为奇函数 $\Longrightarrow$ $f(x)$ 关于 $(a,0)$ 对称.
(0,0)

② $f(a+x)$ 为偶函数 $\Longrightarrow$ $f(x)$ 关于 $x=a$ 对称
$x=0$

③ $f(x-a)$ 为奇函数 $\Longrightarrow$ $f(x)$ 关于 $(-a,0)$ 对称
(0,0)

④ $f(x-a)$ 为偶函数 $\Longrightarrow$ $f(x)$ 关于 $x=-a$ 对称
$x=0$

例：$f(x+2)$ 为偶 $\Rightarrow$ $f(x)$ 关于 $x=2$ 对称

周期+对称

① $f(x)$ 关于 $x=a$，$x=b$ 对称，则 $T=2|a-b|$

例：$f(x)$ 是偶函数且关于 $x=1$ 对称
$x=0$　$x=1$　$\therefore T=2$

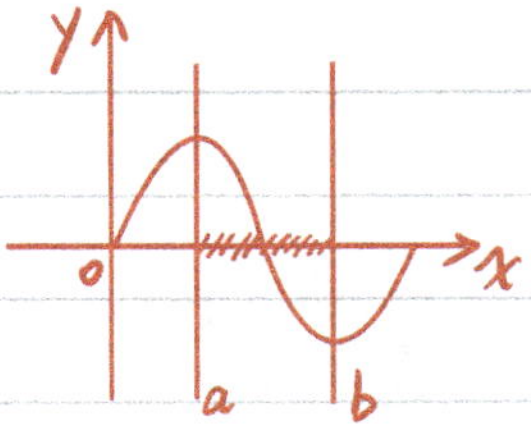

② $f(x)$关于$(a,0)$，$(b,0)$对称，则$T=2|a-b|$

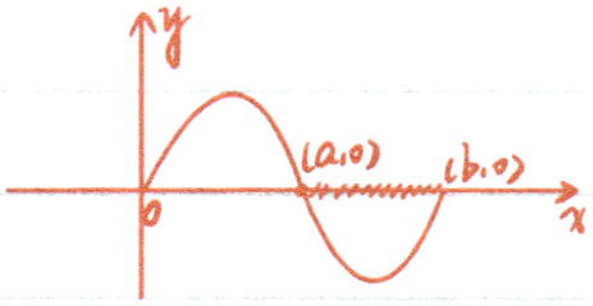

例：$f(x)$为奇函数，且关于$(2,0)$对称

⇓ $(0,0)$ ⇓ $(2,0)$ ∴$T=4$

③ $f(x)$关于$x=a$与$(b,0)$对称，则$T=4|a-b|$

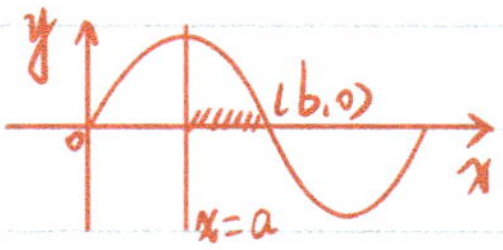

<1>.点P关于y轴对称：

$P(x,y) \longrightarrow P_1(-x,y)$

<2>.点P关于x轴对称

$P(x,y) \longrightarrow P_2(x,-y)$

总结：关于谁对称，谁不变。

对称：

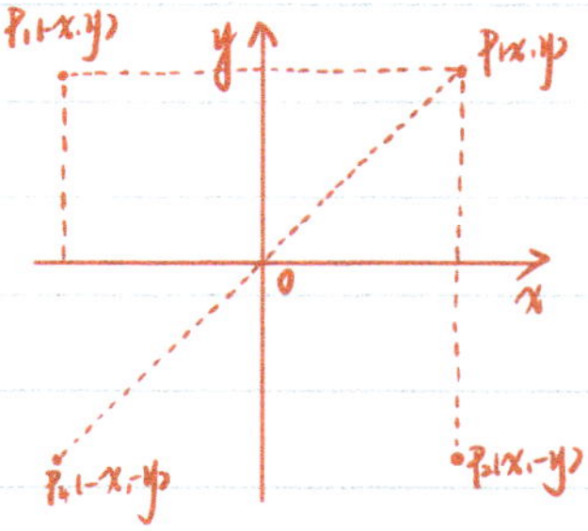

①. $f(x)$与$f(-x)$关于y轴对称

②. $f(x)$与$-f(x)$关于x轴对称

③. $f(x)$与$-f(-x)$关于原点对称

对称性　例：$f(x) = |-\ln^{-x+1}|$

① $f(x)=\ln x$

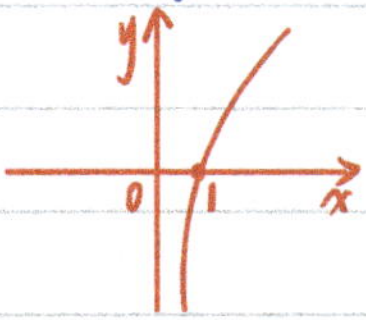

② $\ln(-x)$

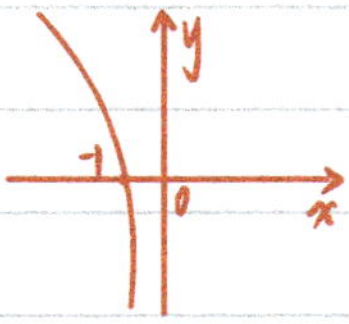

③ $\ln(-x+1)$

$\ln[-(x-1)]$

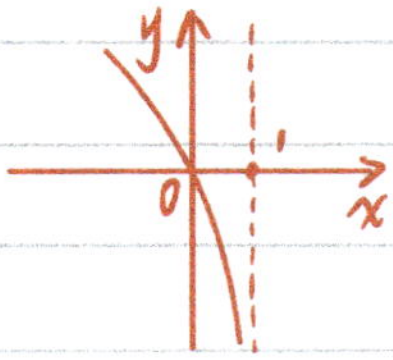

④ $-\ln(-x+1)$

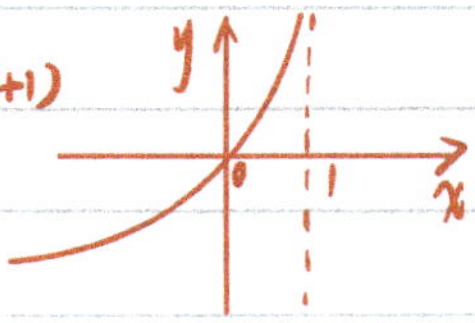

⑤ $|-\ln(-x+1)|$

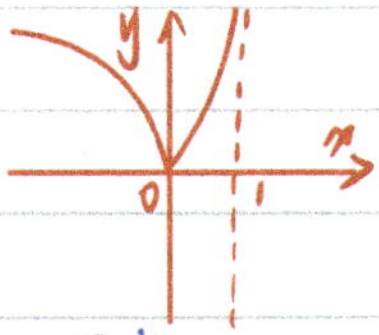

例：$y=\log_3^{-x+1}$ 的图象

① $y=\log_3^{x}$

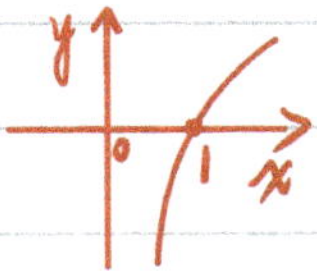

③ $\log_3^{-x+1}$

$\log_3^{-(x-1)}$ 向右

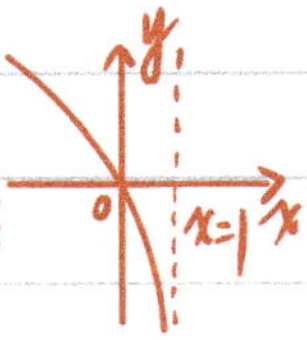

② $y=\log_3^{-x}$

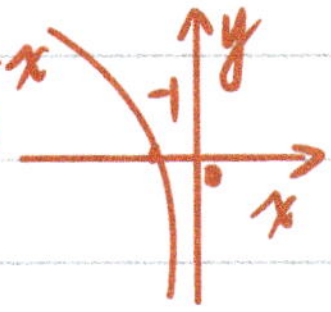

高中常考的两种翻折

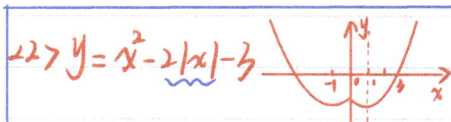

<1> $y=|x^2-2x-3|$

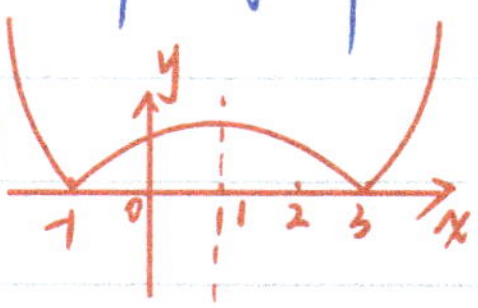

<3>

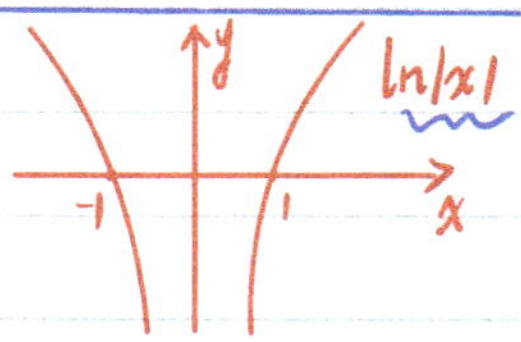

<2> $y=x^2-2|x|-3$

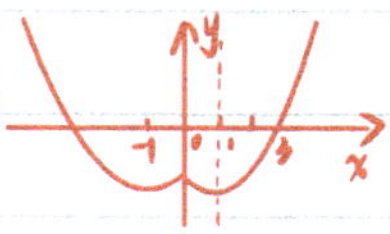

<4>

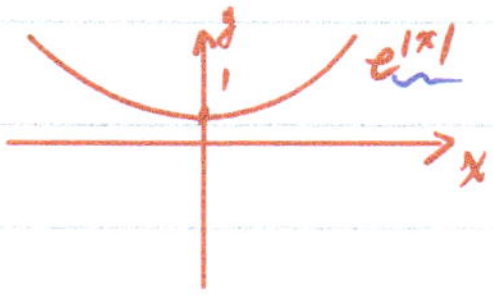

口诀：去左翻右

翻折＋平移

$f(x)=\left|\frac{2x+1}{2x-1}\right|=\left|\frac{2x-1+2}{2x-1}\right|=\left|1+\frac{2}{2x+1}\right|=\left|1+\frac{1}{x-\frac{1}{2}}\right|$

① $\frac{1}{x}$

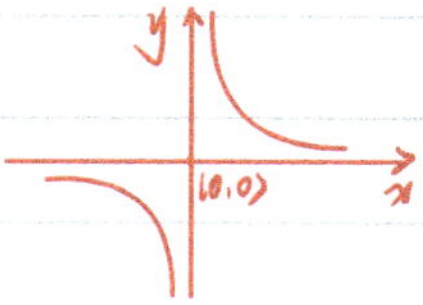

② $\frac{1}{x-\frac{1}{2}}$

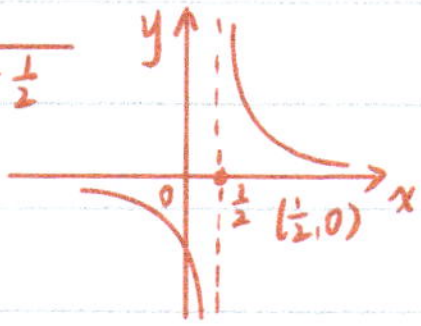

③ $\left|\frac{1}{x-\frac{1}{2}}+1\right|$

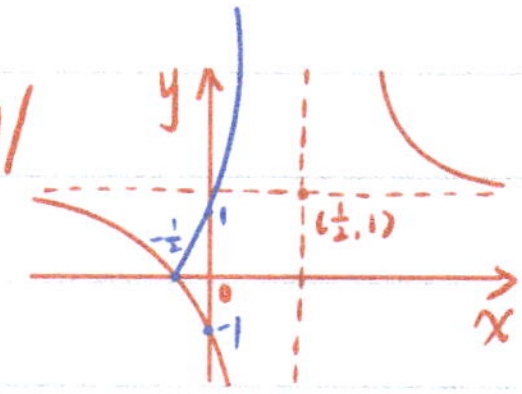

抽象函数之定义域

两句口诀搞定

①定义域是指单纯"x"之范围.

②f( )范围具备一致性.

例：f(2x+1)之定义域为(2,3)，则f(x−1)之定义域为(6,8)

解：$2<x<3$

$4<2x<6$

$5<2x+1<7$

∴ $5<x-1<7$

$6<x<8$

①只看一象限

②顺时针由大变小

$a>b>c>d$

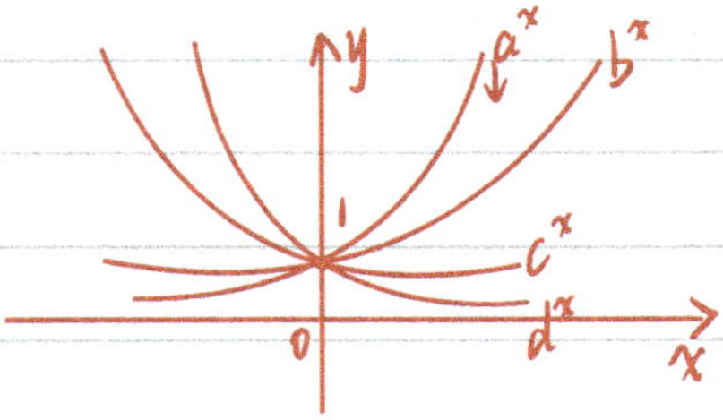

①只看一象限

②顺时针由小变大

$c<d<a<b$

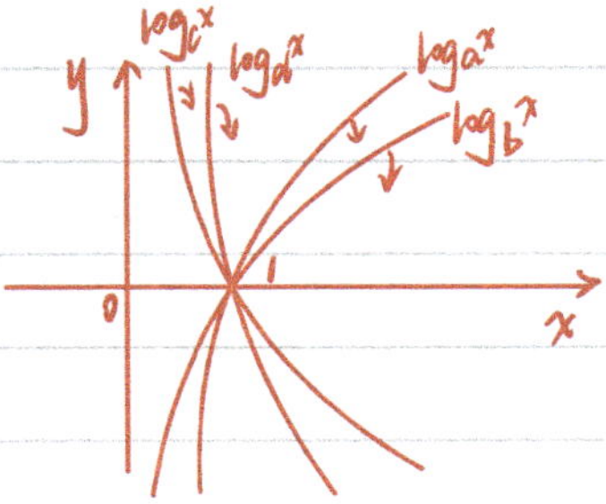

高中常用的指数对数公式

<1> $a^m \cdot a^n = a^{m+n}$　　<3> $(a^m)^n = a^{mn}$

<2> $a^m \div a^n = a^{m-n}$　　<4> $a^{-p} = \frac{1}{a^p}$

<1> $\log_a b + \log_a c = \log_a bc$

<2> $\log_a b - \log_a c = \log_a \frac{b}{c}$

<3> $\log_{a^b} c^d = \frac{d}{b}\log_a c$

eg: $\log_8 16$

$= \log_{2^3} 4^2 = \frac{2}{3}\log_2 4$

$= \frac{4}{3}$

<4> $\log_{a^b} d = \frac{1}{b}\log_a d$　切记：$\log_{a^b} d = b\log_a d$ ✗（易错）

<5> $c\log_a b = \log_a b^c$　　<6> $a^{\log_a b} = b$

<7> $\log_a a^b = b$ ★★★★★

eg: 如何比较 $\log_2 3$ 与 $\frac{3}{2}$ 的大小

$\log_{2} 3 > \frac{3}{2} = \log_{2} 2^{\frac{3}{2}}$

构造：$y = \log_2 x$

$\sqrt{9} = 3 > 2^{\frac{3}{2}} = \sqrt{2^3} = \sqrt{8}$

<8> $\log_a b = \frac{1}{\log_b a}$（2018年Ⅲ卷考过）

<9> $\log_a b = \frac{\lg b}{\lg a} = \frac{\ln b}{\ln a} = \frac{\log_c b}{\log_c a}$（换底公式）

eg. 2022年16T

已知 $x=x_1$ 和 $x=x_2$ 分别是函数 $f(x)=2a^x-ex^2$ $(a>0$ 且 $a\neq1)$ 的极小值点和极大值点，若 $x_1<x_2$，则 a 的取值范围是 $\underline{(\frac{1}{e},1)}$

解：$f'(x)=2a^x\ln a-2ex$ 导函数有两个变号零点

$a^x\ln a=ex \longrightarrow$ 有两个交点.

讨论：① $a>1$ ∴ $f(x)$ 在 $(-\infty,x_1)\uparrow$ $(x_1,x_2)\downarrow$ $(x_2,+\infty)\uparrow$

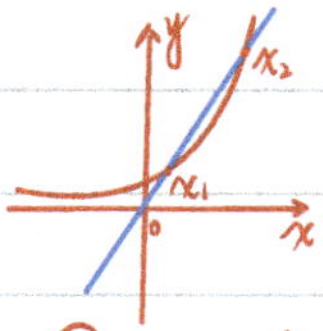

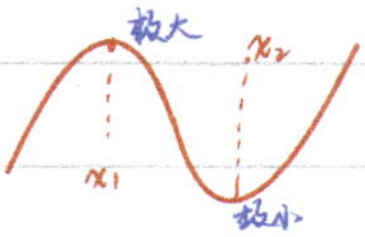

与题矛盾.

② $0<a<1$　令 $g(x)=a^x\ln a$　$g'(x)=a^x(\ln a)^2$

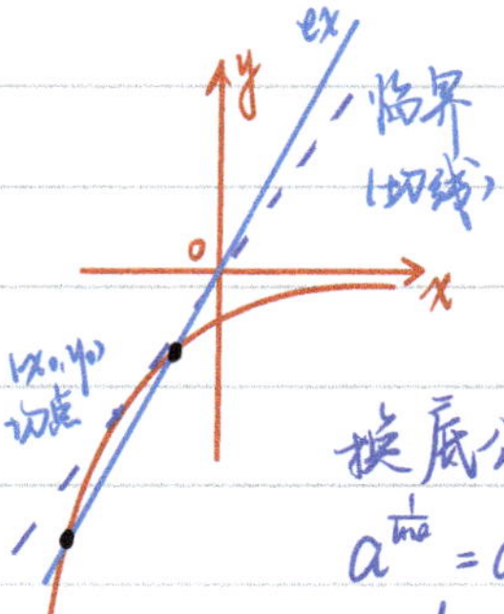

$a^{x_0}(\ln a)^2=k=\frac{y_0}{x_0}=\frac{a^{x_0}\ln a}{x_0}$　$\ln a=\frac{1}{x_0}$

∴ $x_0=\frac{1}{\ln a}$　∴ $k_{切}=a^{\frac{1}{\ln a}}(\ln a)^2$

∴ $k_{切}<e$ 会有两个交点

∴ $a^{\frac{1}{\ln a}}(\ln a)^2<e$ 需要明白公式的转化

换底公式 $\ln a=\log_e a=\frac{\log_a a}{\log_a e}=\frac{1}{\log_a e}$　$\frac{1}{\ln a}=\log_a e$

$a^{\frac{1}{\ln a}}=a^{\log_a e}=e$　$e(\ln a)^2<e$　∴ $(\ln a)^2<1$　$-1<\ln a<1$

∴ $\frac{1}{e}<a<e$　∵ $0<a<1$　∴ $\frac{1}{e}<a<1$　∴ $a\in(\frac{1}{e},1)$

会画图：
当 $0<a<1$ 时，$\ln a<0$

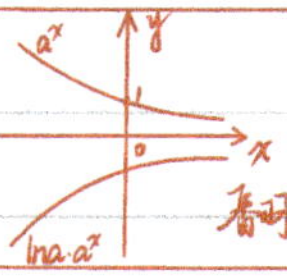

翻折即可

① $\log_a x$ （$a>0$ 且 $a\neq 1$）　不具备奇偶性

$1>a>0$

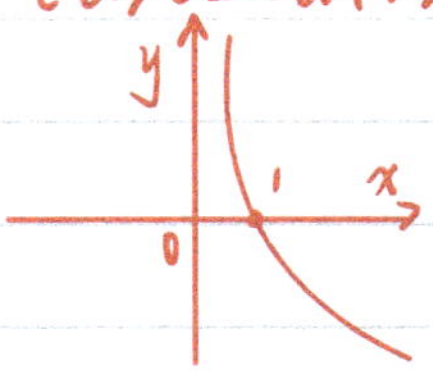

$a>1$

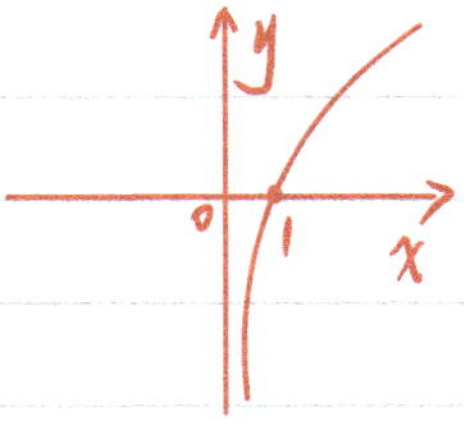

② a^x （$a>0$ 且 $a\neq 1$）

$0<a<1$

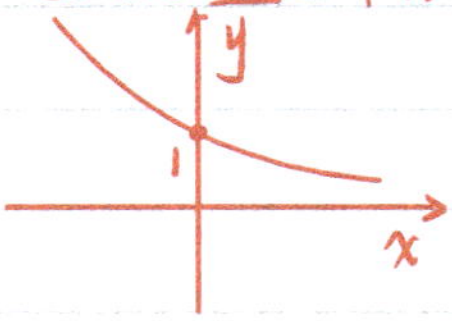

$a>1$

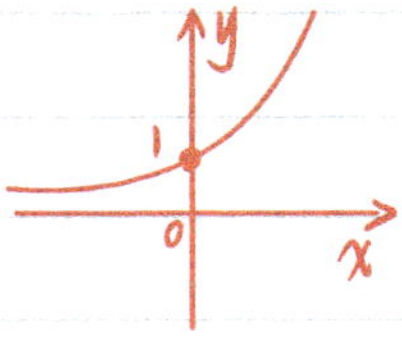

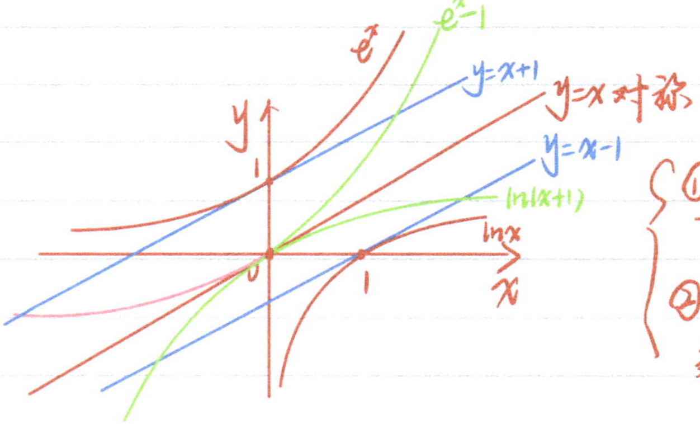

① $e^x \geq x+1 > x > x-1 \geq \ln x$

⇓

② $e^x-1 \geq x \geq \ln(x+1)$

当 $x=0$ 时等号成立

幂函数：$y=x^a$

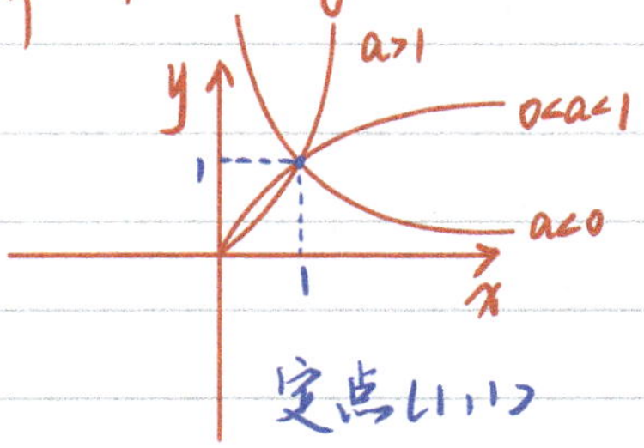

x^2 偶

x^3 奇

x^{-1} 奇

$x^{\frac{1}{2}}=\sqrt{x}$ 非奇非偶

常见的不等式

<1> 当 $x\in R$，$e^x\geq x+1$

<2> 当 $x\in R$，$e^x\geq ex$

<3> 当 $x\geq 0$，$e^x\geq 1+x+\frac{1}{2}x^2$

<4> 当 $x\geq 0$，$e^x\geq 1+x^2$

<5> 当 $x\in R$，$e^x\geq 1+x+\frac{1}{2}x^2+\frac{1}{6}x^3$

<6> 当 $x<1$ 时，$e^x\leq\frac{1}{1+x}$

<7> 当 $0\leq x<2$ 时，$e^x\leq\frac{2+x}{2-x}$

当 $x<0$ 时，$e^x>\frac{2+x}{2-x}$

具体的证明过程在笔记最后一页.

<1> 当 $x>0$ 时，$\ln x\leq x-1$

<2> 当 $x>0$ 时，$\ln x\leq\frac{1}{e}x$

<3> 当 $x>0$ 时，$\ln x\geq 1-\frac{1}{x}$

<4> 当 $x\geq 0$ 时，$\ln(x+1)\leq x$

<5> 当 $x\geq 0$ 时，$\ln(x+1)\geq x-\frac{x^2}{2}$

<6> 当 $x\geq 0$ 时，$\ln(x+1)\leq x-\frac{x^2}{2}+\frac{x^3}{3}$

<7> 当 $0<x<1$ 时，$\ln x>\frac{1}{2}(x-\frac{1}{x})$

当 $x\geq 1$ 时，$\ln x\leq\frac{1}{2}(x-\frac{1}{x})$

<8> 当 $0<x<1$ 时，$\ln x<\frac{2(x-1)}{x+1}$

当 $x\geq 1$ 时，$\ln x\geq\frac{2(x-1)}{x+1}$

例：已知 $a=\ln\frac{4}{3}$，$b=\frac{2}{7}$，$c=\sin\frac{2}{7}$，则（B）

A. $a<b<c$ B. $c<b<a$ C. $b<a<c$ D. $a<c<b$

当 $x\in[0,\frac{\pi}{2}]$ 时 $\sin x\le x\le\tan x$ $\therefore\frac{2}{7}>\sin\frac{2}{7}$ $\therefore b>c$

当 $x\in[1,+\infty)$ 时 $\ln x\ge\frac{2(x-1)}{x+1}$ $\therefore\ln\frac{4}{3}>\frac{2(\frac{4}{3}-1)}{\frac{4}{3}+1}$

$\therefore\ln\frac{4}{3}>\frac{2}{7}$ $\therefore a>b$

例：已知 $a=\frac{31}{32}$ $b=\cos\frac{1}{4}$ $c=4\sin\frac{1}{4}$，则（ ）

$\cos x\ge1-\frac{x^2}{2}$ $\cos\frac{1}{4}>1-\frac{1}{2}\times(\frac{1}{4})^2=\frac{31}{32}$ $\therefore b>a$

$\sin x\ge x-\frac{x^3}{6}$ $\frac{c}{b}=\frac{4\sin\frac{1}{4}}{\cos\frac{1}{4}}=\frac{\tan\frac{1}{4}}{\frac{1}{4}}>1$ $\therefore c>b>a$

例：已知 $a=\log_2 3$，$b=\log_3 4$，$c=\log_4 5$，则（A）

A. $c<b<a$ B. $b<a<c$ C. $a<b<c$ D. $b<c<a$

构造函数 $y=\log_x^{x+1}$（$x>0$ 且 $x\ne1$） $y=\frac{\log(x+1)}{\log x}$

$y'=\frac{\frac{1}{x+1}\cdot\ln x-\ln(x+1)\cdot\frac{1}{x}}{\ln x\cdot\ln x}=\frac{\frac{\ln x}{x+1}-\frac{\ln(x+1)}{x}}{(\ln x)^2}=\frac{\frac{x\ln x-(x+1)\ln(x+1)}{x(x+1)}}{(\ln x)^2}$

当 $x>1$ 时，$x+1>x>1$，$\ln(x+1)>\ln x>0$ $\therefore x\ln x<(x+1)\ln(x+1)$

在 $(1,+\infty)$ 上单调递减 $\therefore f(2)>f(3)>f(4)$ $\therefore a>b>c$

例.(2017年Ⅰ第11题)设x,y,z为正数,且$2^x=3^y=5^z$,则(D)

A: $2x<3y<5z$　B $5z<2x<3y$　C. $3y<5z<2x$　D. $3y<2x<5z$

$2^x=3^y=5^z=k$

$\ln 2^x=\ln 3^y=\ln 5^z=\ln k$　　$\frac{2\times 2}{2\times\ln 2}=\frac{4}{\ln 4}$

$x\ln 2=y\ln 3=z\ln 5=\ln k$

$2x=\frac{2\ln k}{\ln 2}$　$3y=\frac{3\ln k}{\ln 3}$　$5z=\frac{5\ln k}{\ln 5}$

构造 $f(x)=\frac{x}{\ln x}$ →

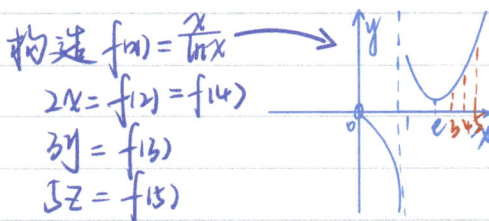

$2x=f(2)=f(4)$

$3y=f(3)$

$5z=f(5)$

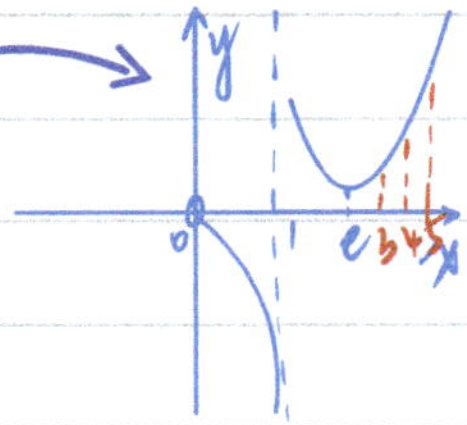

例:若$a=\frac{\ln 2}{2}$, $b=\frac{\ln 3}{3}$, $c=\frac{\ln 5}{5}$,则a,b,c的大小关系是 $b>a>c$

$f(x)=\frac{\ln x}{x}$　$a=f(2)$　$b=f(3)$　$c=f(5)$

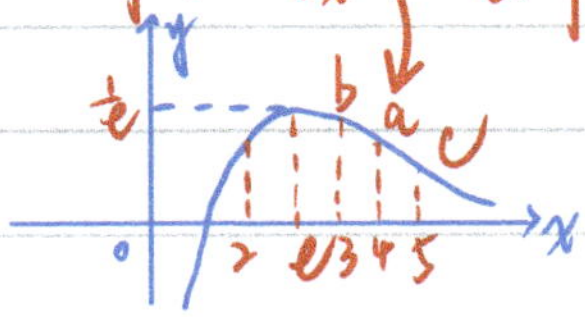

$a=\frac{2\times\ln 2}{2\times 2}=\frac{2\ln 2}{4}=\frac{\ln 4}{4}=f(4)$

补充比较：$a=2^{2.1}$ $b=2.1^{2}$

$$\frac{\ln 2^{2.1}}{\ln 2.1^{2}}=\frac{2.1\ln 2}{2\ln 2.1}=\frac{\ln 2}{2}\times\frac{2.1}{\ln 2.1}=\boxed{\frac{\frac{\ln 2}{2}}{\frac{\ln 2.1}{2.1}}}$$

$f(x)=\frac{\ln x}{x}$ $0<\frac{f(2)}{f(2.1)}<1$ $\frac{\ln 2^{2.1}}{\ln 2.1^{2}}<1$ $\ln 2^{2.1}<\ln 2.1^{2}$

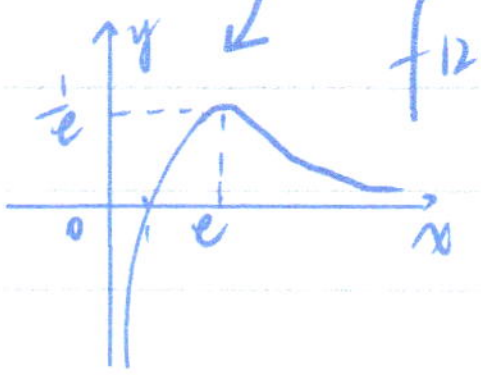

$f(2.1)>f(2)>0$ $2^{2.1}<2.1^{2}$ $\therefore a<b$

三角函数和差公式

$\sin(\alpha\pm\beta)=\sin\alpha\cos\beta\pm\cos\alpha\sin\beta$

$\cos(\alpha\pm\beta)=\cos\alpha\cos\beta\mp\sin\alpha\sin\beta$

$\tan(\alpha\pm\beta)=\dfrac{\tan\alpha\pm\tan\beta}{1\mp\tan\alpha\tan\beta}$

二倍角：

$\sin2\alpha=\sin(\alpha+\alpha)=\sin\alpha\cos\alpha+\cos\alpha\sin\alpha$

$\sin2\alpha=2\sin\alpha\cos\alpha$

同理：$\sin\alpha=2\sin\frac{\alpha}{2}\cos\frac{\alpha}{2}$

常考：$\sin\alpha\cos\alpha=\frac{1}{2}\times2\sin\alpha\cos\alpha=\frac{1}{2}\sin2\alpha$

$\cos2\alpha=\cos(\alpha+\alpha)=\cos\alpha\cos\alpha-\sin\alpha\sin\alpha$

$\cos2\alpha=\cos^2\alpha-\sin^2\alpha$ ①

$\cos2\alpha=1-\sin^2\alpha-\sin^2\alpha=1-2\sin^2\alpha$ ②

$\cos2\alpha=\cos^2\alpha-(1-\cos^2\alpha)=2\cos^2\alpha-1$ ③

$\therefore\cos2\alpha=\cos^2\alpha-\sin^2\alpha=1-2\sin^2\alpha=2\cos^2\alpha-1$

$\Downarrow$ $\sin^2\alpha=\dfrac{1-\cos2\alpha}{2}$ $\qquad$ $\Downarrow$ $\cos^2\alpha=\dfrac{1+\cos2\alpha}{2}$

★★★

$\cos^4\alpha-\sin^4\alpha=\cos2\alpha$

$(\cos^2\alpha+\sin^2\alpha)(\cos^2\alpha-\sin^2\alpha)=\cos2\alpha$

$\sin^4\alpha-\cos^4\alpha=-\cos2\alpha$ ④

辅助角公式：$a\sin\alpha+b\cos\alpha=\sqrt{a^2+b^2}\sin(\alpha+\varphi)$　$\tan\varphi=\frac{b}{a}$

e.g. ① $\sin\alpha+\cos\alpha\in[-\sqrt{2},\sqrt{2}]$　$max=\sqrt{a^2+b^2}$　φ一般为30°、45°、60°

$min=-\sqrt{a^2+b^2}$

② $\frac{1}{\sin\alpha+\cos\alpha}\in(-\infty,-\frac{\sqrt{2}}{2}]\cup[\frac{\sqrt{2}}{2},+\infty)$

③ $\frac{\sin\alpha\cos\alpha}{1+\sin\alpha+\cos\alpha}$　换元　$\sin\alpha+\cos\alpha=t$　$\frac{(\sin\alpha+\cos\alpha)^2-1}{2}=\sin\alpha\cos\alpha=\frac{t^2-1}{2}$

$t\neq-1$

$\frac{二次}{一次}$　$\frac{t^2-1}{2(t+1)}=\frac{(t+1)(t-1)}{2(t+1)}=\frac{1}{2}(t-1)$　$t\in[-\sqrt{2},-1)\cup(-1,\sqrt{2}]$

$t-1\in[-\sqrt{2}-1,-2)\cup(-2,\sqrt{2}-1]$　$\frac{1}{2}(t-1)\in[\frac{-\sqrt{2}-1}{2},-1)\cup(-1,\frac{\sqrt{2}-1}{2}]$ 值域

常考的如下：

<1> $\sin\alpha+\cos\alpha=\sqrt{2}\sin(\alpha+\frac{\pi}{4})$

同理：$\frac{1}{2}\sin\alpha+\frac{1}{2}\cos\alpha=\frac{\sqrt{2}}{2}\sin(\alpha+\frac{\pi}{4})$

<2> $\sqrt{3}\sin\alpha+\cos\alpha=\sqrt{\sqrt{3}^2+1^2}\sin(\alpha+\varphi)$　$\tan\varphi=\frac{1}{\sqrt{3}}=\frac{\sqrt{3}}{3}$　$\therefore\varphi=30^\circ$

$=2\sin(\alpha+\frac{\pi}{6})$

<3> $\sin\alpha+\sqrt{3}\cos\alpha=\sqrt{1^2+\sqrt{3}^2}\sin(\alpha+\varphi)$　$\tan\varphi=\sqrt{3}$　$\therefore\varphi=60^\circ$

$=2\sin(\alpha+\frac{\pi}{3})$

〈4〉 $3\sin\alpha+\sqrt{3}\cos\alpha=\sqrt{9+3}\sin(\alpha+\varphi)$ $\tan\varphi=\frac{\sqrt{3}}{3}$ $\therefore\varphi=30^\circ$

$=2\sqrt{3}\sin(\alpha+\frac{\pi}{6})$

高中常考数据归纳

$\sin^2\alpha+\cos^2\alpha=1$ $\frac{\sin\alpha}{\cos\alpha}=\tan\alpha$

$\sin\alpha$		$\cos\alpha$	$\tan\alpha$	$\sin\alpha$		$\cos\alpha$	$\tan\alpha$
$\pm\frac{4}{5}$	$\rightleftharpoons$	$\pm\frac{3}{5}$	$\pm\frac{4}{3},\pm\frac{3}{4}$	$\pm\frac{8}{17}$	$\rightleftharpoons$	$\pm\frac{15}{17}$	$\pm\frac{8}{15},\pm\frac{15}{8}$
$\pm\frac{12}{13}$	$\rightleftharpoons$	$\pm\frac{5}{13}$	$\pm\frac{12}{5},\pm\frac{5}{12}$	$\pm\frac{\sqrt{5}}{5}$	$\rightleftharpoons$	$\pm\frac{2\sqrt{5}}{5}$	$\pm\frac{1}{2},\pm2$
$\pm\frac{20}{25}$	$\rightleftharpoons$	$\pm\frac{15}{25}$	$\pm\frac{15}{20},\pm\frac{20}{15}$	$\pm\frac{\sqrt{10}}{10}$	$\rightleftharpoons$	$\pm\frac{3\sqrt{10}}{10}$	$\pm\frac{1}{3},\pm3$

三角函数万能公式

$\sin^2\alpha+\cos^2\alpha=1$

$\sin2\alpha=\frac{2\sin\alpha\cos\alpha}{1}=\frac{2\sin\alpha\cos\alpha}{\sin^2\alpha+\cos^2\alpha}$ 同除 $\cos^2\alpha=\frac{\frac{2\sin\alpha\cos\alpha}{\cos^2\alpha}}{\frac{\sin^2\alpha+\cos^2\alpha}{\cos^2\alpha}}=\frac{2\tan\alpha}{1+\tan^2\alpha}$

$\cos2\alpha=\frac{\cos^2\alpha-\sin^2\alpha}{1}=\frac{\cos^2\alpha-\sin^2\alpha}{\cos^2\alpha+\sin^2\alpha}$ 同除 $\cos^2\alpha=\frac{\frac{\cos^2\alpha-\sin^2\alpha}{\cos^2\alpha}}{\frac{\cos^2\alpha+\sin^2\alpha}{\cos^2\alpha}}=\frac{1-\tan^2\alpha}{1+\tan^2\alpha}$

$\sin2\alpha=\frac{2\tan\alpha}{1+\tan^2\alpha}$ $\cos2\alpha=\frac{1-\tan^2\alpha}{1+\tan^2\alpha}$

半角公式 $\tan\frac{\alpha}{2}=\frac{\sin\alpha}{1+\cos\alpha}=\frac{1-\cos\alpha}{\sin\alpha}$

<1> $\frac{\sin\alpha}{1+\cos\alpha}=\frac{2\sin\frac{\alpha}{2}\cos\frac{\alpha}{2}}{1+2\cos^2\frac{\alpha}{2}-1}=\frac{2\sin\frac{\alpha}{2}\cos\frac{\alpha}{2}}{2\cos^2\frac{\alpha}{2}}=\frac{\sin\frac{\alpha}{2}}{\cos\frac{\alpha}{2}}=\tan\frac{\alpha}{2}$

<2> $\frac{1-\cos\alpha}{\sin\alpha}=\frac{\cos^2\frac{\alpha}{2}+\sin^2\frac{\alpha}{2}-(\cos^2\frac{\alpha}{2}-\sin^2\frac{\alpha}{2})}{2\sin\frac{\alpha}{2}\cos\frac{\alpha}{2}}=\frac{2\sin^2\frac{\alpha}{2}}{2\sin\frac{\alpha}{2}\cos\frac{\alpha}{2}}=\frac{\sin\frac{\alpha}{2}}{\cos\frac{\alpha}{2}}=\tan\frac{\alpha}{2}$

eg: $\sqrt{1-\sin 4}=\sqrt{\sin^2 2+\cos^2 2-2\sin 2\cos 2}=\sqrt{(\sin 2-\cos 2)^2}=|\sin 2-\cos 2|$ $\quad 1\approx\frac{\pi}{3}$

$=\sin 2-\cos 2$ $\quad 2\approx\frac{2\pi}{3}$

1. 正弦图象

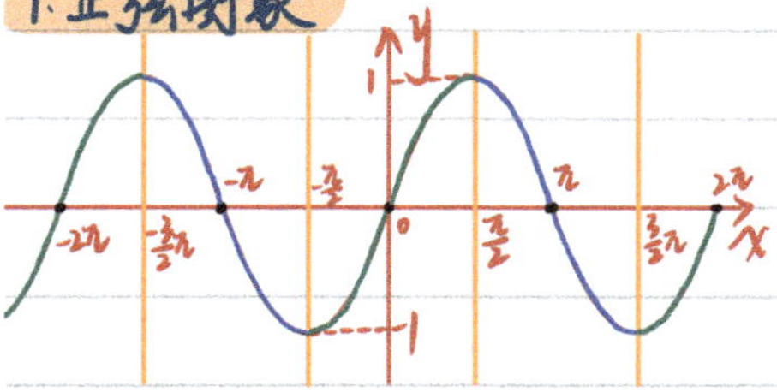

周期函数

"k"代表周期个数

三要素
- 定义域：$x \in R$
- 对应关系：$y = \sin x$
- 值域：$[-1, 1]$

四性质
- 单调性
  - ↑ $(-\frac{\pi}{2}+2k\pi, \frac{\pi}{2}+2k\pi)$
  - ↓ $(\frac{\pi}{2}+2k\pi, \frac{3\pi}{2}+2k\pi)$
- 周期：$T = 2\pi$
- 对称性
  - 中心对称 $(k\pi, 0)$
  - 对称轴 $x = \frac{\pi}{2}+k\pi$
- 奇偶性：奇函数

2. 余弦图象

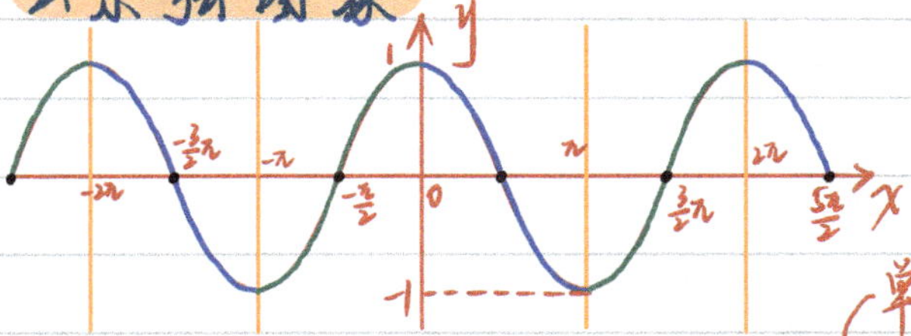

周期函数

"k"代表周期个数

三要素
- 定义域：$x \in R$
- 对应关系：$y = \cos x$
- 值域：$[-1, 1]$

四性质
- 单调性
  - ↑ $(-\pi+2k\pi, 0+2k\pi)$
  - ↓ $(0+2k\pi, \pi+2k\pi)$
- 周期：$T = 2\pi$
- 对称性
  - 中心对称：$(\frac{\pi}{2}+k\pi, 0)$
  - 对称轴：$x = \pi + k\pi$
- 奇偶性 偶函数

(3) 正切函数

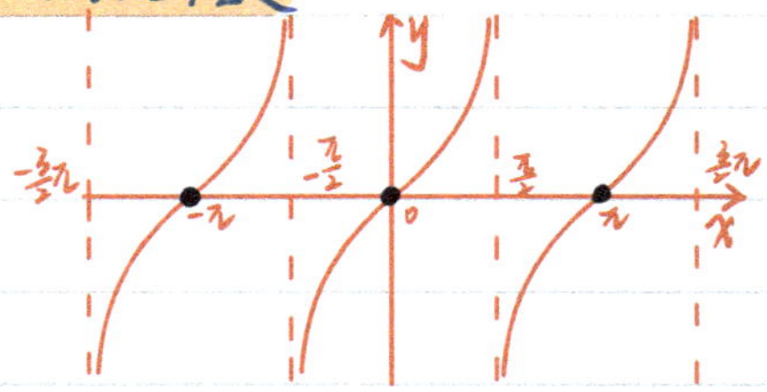

三要素 { 定义域：$x \neq \frac{\pi}{2}+k\pi$
对应关系：$y=\tan x$
值域：$y \in R$

四性质 { 单调性 ↑ $(-\frac{\pi}{2}+k\pi, \frac{\pi}{2}+k\pi)$
对称性：对称中心 $(k\pi, 0)$
周期：$T=\pi$
奇偶性：奇函数

三角函数平移：

口诀：左加右减
上加下减

联想 $y=x^2 \longrightarrow y=ax^2+bx+c$

$y=\sin x \longrightarrow y=A\sin(\omega x+\varphi)+B$

① $y=\sin x$ 向左平移 φ 个单位 $(\varphi>0)$ $y=\sin(x+\varphi)$

② $y=\sin(x+\varphi)$ 向上平移 B 个单位 $(B>0)$. $y=\sin(x+\varphi)+B$

③ $y=\sin(x+\varphi)+B$ 纵不变，横坐标伸缩为原来的 $\frac{1}{\omega}$ 倍

$y=\sin(\omega x+\varphi)+B$（注意：横向伸缩要取倒）

证明：$y=\sin x$，纵不变，横坐标变为原来的 ω 倍

(x,y) 变换完后为 (x',y'). $x'=\omega x$ $x=\frac{1}{\omega}x'$

$\therefore y=\sin x=\sin\frac{1}{\omega}x'$

④ $y=\sin(\omega x+\varphi)+B$

横坐标不变，纵坐标变为原来的A倍 $y=A\sin(\omega x+B)$

易错：$y=\sin(2x+\varphi)$ 向左平移 $\frac{\pi}{4}$ 个单位

则 $y=\sin[2(x+\frac{\pi}{4})+\varphi]=\sin[2x+\frac{\pi}{2}+\varphi]$ ✓

则 $y=\sin(2x+\frac{\pi}{4}+\varphi]$ ✗

象限问题

二正弦	一全正
$\sin x>0$ $\cos x<0$ $\tan x<0$	$\sin x>0$ $\cos x>0$ $\tan x>0$
三正切	四余弦
$\sin x<0$ $\cos x<0$ $\tan x>0$	$\sin x<0$ $\tan x<0$ $\cos x>0$

奇变偶不变，符号看象限

诱导公式

格式：$\sin(k\cdot\frac{\pi}{2}+\alpha)$

奇 偶 锐角

奇变偶不变的奇偶是指"k"

4) $\sin(\pi+\alpha)$

$=\sin[2\cdot\frac{\pi}{2}+\alpha]$ ∵2为偶

$=-\sin\alpha$ ∴$\sin(\pi+\alpha)=\sin\alpha$

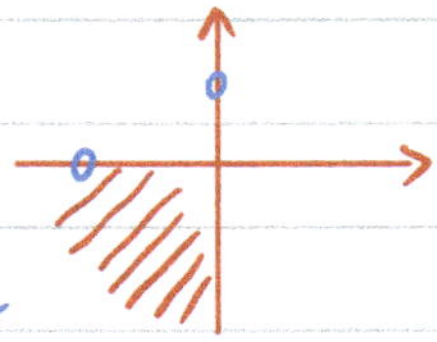

$2\times\frac{\pi}{2}+\alpha$ 在三象限，$\sin<0$ ∴$\sin(\pi+\alpha)=-\cos\alpha$

(2) $\cos(-\pi-\alpha)$

$=\cos(-2\cdot\frac{\pi}{2}-\alpha)$

$=-\cos\alpha$

∵2为偶 ∴$\cos(-\pi-\alpha)=\cos\alpha$

$-2\times\frac{\pi}{2}-\alpha$在二象限，$\cos<0$

∴$\cos(-\pi-\alpha)=-\cos\alpha$

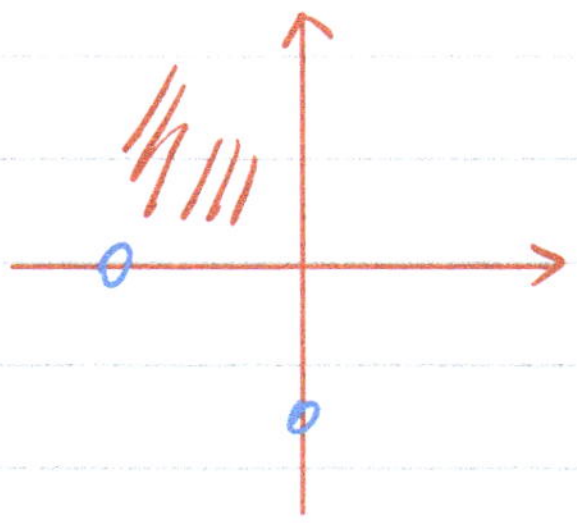

(3) $\sin(570^\circ)=\sin(6\times90^\circ+30^\circ)$

$=-\sin30^\circ$

$=-\frac{1}{2}$

∵6为偶 ∴$\sin(570^\circ)=\sin30^\circ$

$6\times90^\circ+30^\circ$在三象限 $\sin<0$

∴$\sin570^\circ=-\sin30^\circ=-\frac{1}{2}$

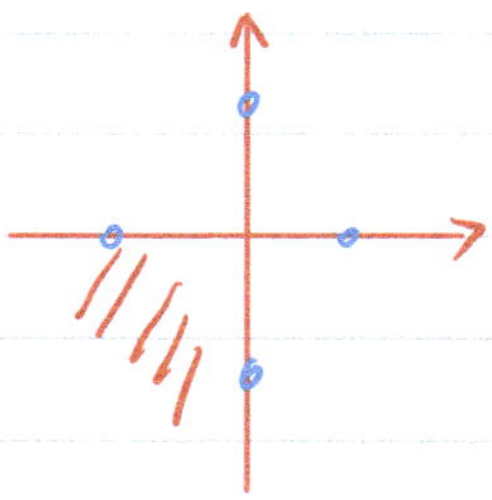

(4) $\sin(\frac{3\pi}{2}+\alpha)=\sin(3\times\frac{\pi}{2}+\alpha)$

$=\cos\alpha$

∵3为奇 ∴$\sin(\frac{3\pi}{2}+\alpha)=\cos\alpha$

$3\times\frac{\pi}{2}+\alpha$在四象限，$\cos>0$

∴$\sin(\frac{3\pi}{2}+\alpha)=\cos\alpha$

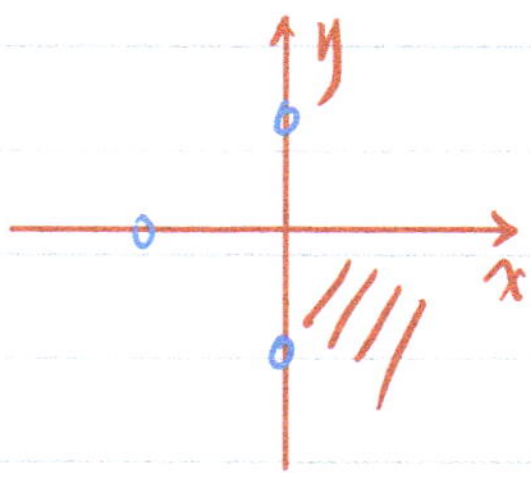

高中常考三角函数周期

① $f(x)=A\sin(\omega x+\varphi)$ 则 $T=\left|\frac{2\pi}{\omega}\right|$

② $f(x)=A\sin(2\omega x+\varphi)$ 则 $T=\left|\frac{2\pi}{2\omega}\right|$

③ $f(x)=A\tan(\omega x+\varphi)$ 则 $T=\left|\frac{\pi}{\omega}\right|$

高中常考三角函数的奇偶性

<1> $f(x)=\sin(\omega x+\varphi)$ 为奇，则 $\varphi=$ $k\pi$

<2> $f(x)=\sin(\omega x+\varphi)$ 为偶，则 $\varphi=$ $\frac{\pi}{2}+k\pi$

<3> $f(x)=\cos(\omega x+\varphi)$ 为奇，则 $\varphi=$ $\frac{\pi}{2}+k\pi$

<4> $f(x)=\cos(\omega x+\varphi)$ 为偶，则 $\varphi=$ $k\pi$

高中常考的四种单调性

三角函数的单调性

① $f(x)=\sin(2x-\frac{\pi}{4})$ 的单调性

② $f(x)=\sin(\frac{\pi}{4}-2x)$ 的单调性

③ $f(x)=\sin(2x-\frac{\pi}{4})$ 在 $[0,\frac{\pi}{2}]$ 上的单调

④ $f(x)=\sin(\omega x-\frac{\pi}{4})$ 在 $[a,b]$ ↑或↓ 求 ω 的范围

① $f(x)=\sin(2x-\frac{\pi}{4})$的单调区间

$-\frac{\pi}{2}+2k\pi<2x-\frac{\pi}{4}<\frac{\pi}{2}+2k\pi$

$-\frac{\pi}{4}+2k\pi<2x<\frac{3\pi}{4}+2k\pi$

$-\frac{\pi}{8}+k\pi<x<\frac{3\pi}{8}+k\pi$ ↑ $(-\frac{\pi}{8}+k\pi,\frac{3\pi}{8}+k\pi)$↑

$\frac{\pi}{2}+2k\pi<2x-\frac{\pi}{4}<\frac{3\pi}{2}+2k\pi$

$\frac{3\pi}{4}+2k\pi<2x<\frac{7\pi}{4}+2k\pi$

$\frac{3\pi}{8}+k\pi<x<\frac{7\pi}{8}+k\pi$ ↓ $(\frac{3\pi}{8}+k\pi,\frac{7\pi}{8}+k\pi)$↓

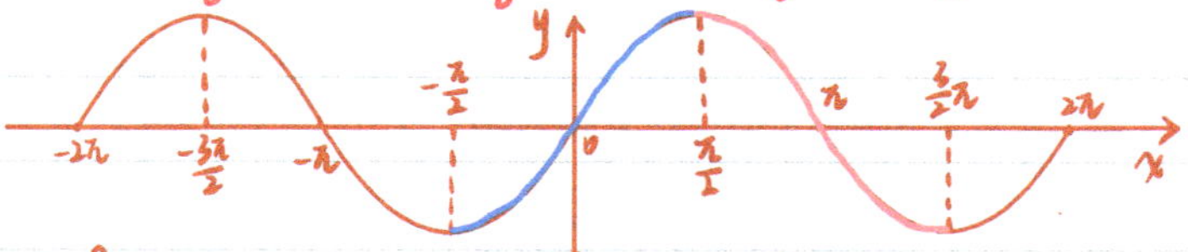

② $f(x)=\sin(\frac{\pi}{4}-2x)$的单调区间

$=-\sin(2x-\frac{\pi}{4})$ 同上

$(-\frac{\pi}{8}+k\pi,\frac{3\pi}{8}+k\pi)$↓

$(\frac{3\pi}{8}+k\pi,\frac{7\pi}{8}+k\pi)$↑

③ $-\frac{\pi}{8}+k\pi<x<\frac{3\pi}{8}+k\pi$↑ 定义域为$[0,\frac{\pi}{2}]$

$k=0$时，$-\frac{\pi}{8}<x<\frac{3\pi}{8}$

$\therefore 0<x<\frac{3\pi}{8}$↑ 反之 $\frac{3\pi}{8}<x<\frac{\pi}{2}$↓

计算出单调区间，然后在定义域中找范围即可.

高中常考的二种三角函数最值：

⑴ $f(x)=A\sin(wx+\varphi)$ 题目会给定义域
然后求最值，如果题目中未给定义域
那么 $max=A$， $min=-A$

⑵ $f(x)=a\sin^2x+b\sin x+c$ 形式，此形式出现后需换元
令 $\sin x=t$（切记，$t\in[-1,1]$）换元要注意新定义域
$f(x)=at^2+bt+c$ 转化二次函数求最值
注意：题目可能不直接给解析式
需要自己化为最简方可观察。

正弦定理： $\frac{a}{\sin A}=\frac{b}{\sin B}=\frac{c}{\sin C}=2R=\frac{a+b+c}{\sin A+\sin B+\sin C}$

面积公式： $S=\frac{1}{2}ab\sin C=\frac{1}{2}ac\sin B=\frac{1}{2}bc\sin A$

海伦公式求面积： $S=\sqrt{p(p-a)(p-b)(p-c)}$　　$p=\frac{a+b+c}{2}$

余弦定理： $a^2=b^2+c^2-2bc\cdot\cos A$

$b^2=a^2+c^2-2ac\cdot\cos B$

$c^2=a^2+b^2-2ab\cdot\cos C$

余弦定理变形： $a^2=b^2+c^2-bc\Rightarrow A=60^\circ$

$a^2=b^2+c^2+bc\Rightarrow A=120^\circ$

$a^2=b^2+c^2-\sqrt{3}bc\Rightarrow A=30^\circ$

$a^2=b^2+c^2+\sqrt{3}bc\Rightarrow A=150^\circ$

$a^2=b^2+c^2-\sqrt{2}bc\Rightarrow A=45^\circ$

$a^2=b^2+c^2+\sqrt{2}bc\Rightarrow A=135^\circ$

理由：

$a^2=b^2+c^2-2bc\cdot\cos A$

$a^2=b^2+c^2-bc$

$\therefore 2\cos A=1$

$\cos A=\frac{1}{2}$

$A=60^\circ$

考试中变形以考查：

$\sin^2 A=\sin^2 B+\sin^2 C-\sin B\cdot\sin C\Rightarrow A=60^\circ$

余弦+完全平方公式：

已知题干中 $a+b$/$a+c$/$b+c$ 或求周长

$$a^2=b^2+c^2-2bc\cdot\cos A$$

$$a^2=(b+c)^2-2bc-2bc\cdot\cos A$$

余弦+均值不等式：

$$a^2=b^2+c^2-2bc\cdot\cos A$$

$b^2+c^2\geqslant 2bc$ 当且仅当 $b=c$ 时，等号成立．

$$b^2+c^2=a^2+2bc\cdot\cos A$$

$a^2+2bc\cdot\cos A\geqslant 2bc$　　$2bc(1-\cos A)\leqslant a^2$

$2bc\leqslant\frac{a^2}{1-\cos A}$　　$S=\frac{1}{2}bc\sin A$　　$S_{max}\Rightarrow bc_{max}$

细品吧！

射影定理：

$\sin A=\sin(B+C)$　　$\cos A=-\cos(B+C)$

$\tan A=-\tan(B+C)$

$\sin A=\sin B\cos C+\cos B\sin C$

$a=b\cos C+c\cdot\cos B$
$b=a\cos C+c\cdot\cos A$
$c=b\cos A+a\cos B$

补圆术

已知三角形一边和一角，求面积最值的二级公式

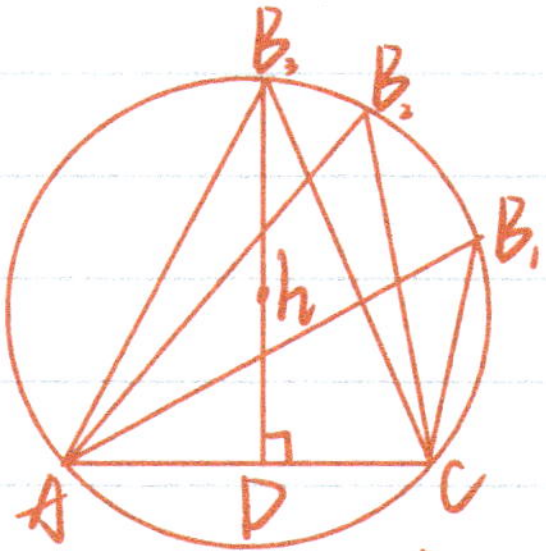

假设已知角B与b

$S=\frac{1}{2}bh$ $h_{max}\longrightarrow S_{max}$

$\tan\frac{B}{2}=\frac{\frac{b}{2}}{h}$ ∴ $h=\frac{\frac{b}{2}}{\tan\frac{B}{2}}$

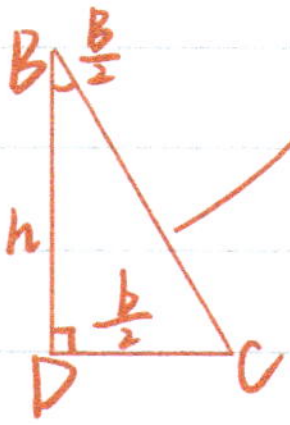

∴ $S=\frac{b}{2}\times\frac{\frac{b}{2}}{\tan\frac{B}{2}}=\frac{\frac{b^2}{4}}{\tan\frac{B}{2}}$

三等分点或四等分点的操作

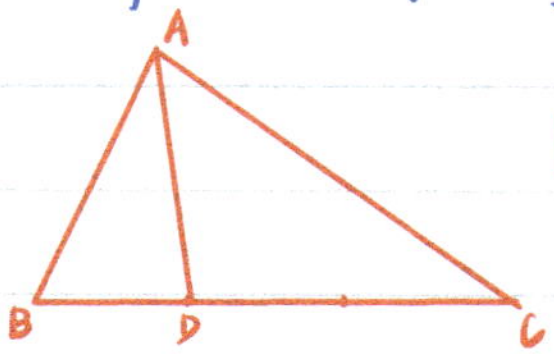

D为BC的三等分点，则 $\overrightarrow{AD}=\frac{2}{3}\overrightarrow{AB}+\frac{1}{3}\overrightarrow{AC}$

同时平方 $\overrightarrow{AD}^2=(\frac{2}{3}\overrightarrow{AB}+\frac{1}{3}\overrightarrow{AC})^2$

结合余弦定理可得最值

例：△ABC的内角A.B.C的对边分别为a.b.c，
已知 $b\cos\frac{B+C}{2}=a\sin B$

(1) 求角A的大小。

(2) D是边BC上一点，且BD=2DC，AD=2，求△ABC面积最大值

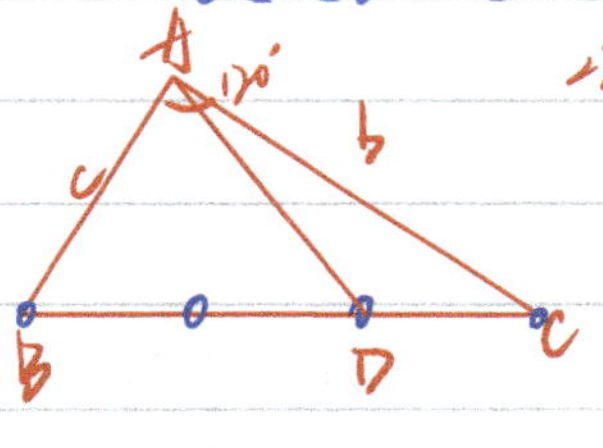

(2). $\vec{AD}=\frac{1}{3}\vec{AB}+\frac{2}{3}\vec{AC}$

$AD^2=\frac{1}{9}c^2+\frac{4}{9}b^2+2\times\frac{1}{3}\times\frac{2}{3}\vec{AB}\cdot\vec{AC}$

$4=\frac{1}{9}c^2+\frac{4}{9}b^2+\frac{4}{9}\times bc\times\cos120°$

$4=\frac{1}{9}c^2+\frac{4}{9}b^2-\frac{2}{9}bc$

$\frac{1}{9}c^2+\frac{4}{9}b^2\geq2\sqrt{\frac{1}{9}c^2\times\frac{4}{9}b^2}$

$\frac{1}{9}c^2+\frac{4}{9}b^2\geq2\times\frac{2}{9}bc$

$4+\frac{2}{9}bc\geq\frac{4}{9}bc$

$\frac{2}{9}bc\leq4$

$bc\leq18$

当且仅当 $\frac{1}{9}c^2=\frac{4}{9}b^2$ 时等号成立

$\frac{1}{3}c=\frac{2}{3}b$ $\quad c=2b$

例：在△ABC中，$A=\frac{\pi}{3}$，$BC=3$，D为BC的一个三等分点，则AD的最大值是 $\underline{\sqrt{3}+1}$

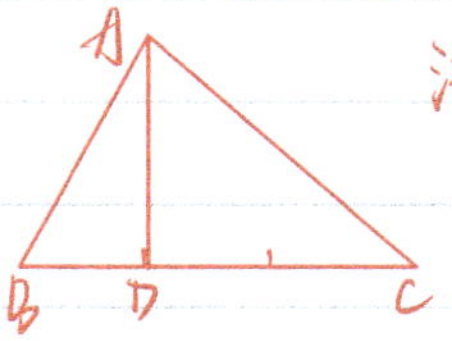

法1：$\overrightarrow{AD}=\frac{2}{3}\overrightarrow{AB}+\frac{1}{3}\overrightarrow{AC}$

$AD^2=\frac{4}{9}AB^2+\frac{4}{9}\overrightarrow{AB}\cdot\overrightarrow{AC}+\frac{1}{9}AC^2$

$AD^2=\frac{4}{9}c^2+\frac{1}{9}b^2+\frac{4}{9}cb\cos A$

$AD^2=\frac{4}{9}c^2+\frac{1}{9}b^2+\frac{2}{9}bc$ ✓

$=\frac{4}{9}c^2+\frac{1}{9}b^2+\frac{2}{9}(b^2+c^2-9)$

$=\frac{2}{3}c^2+\frac{1}{3}b^2-2=\frac{b^2+2c^2}{3}-2$

$a^2=b^2+c^2-2bc\cdot\cos A$

$9=b^2+c^2-bc$

$\rightarrow (b-\frac{c}{2})^2+(\frac{\sqrt{3}}{2}c)^2=9$

$(b-\frac{c}{2})^2+(\frac{\sqrt{3}}{2}c)^2=9\cos^2\theta+9\sin^2\theta$

$b-\frac{c}{2}=3\cos\theta \quad \frac{\sqrt{3}}{2}c=3\sin\theta$

$b=3\cos\theta+\sqrt{3}\sin\theta \quad c=2\sqrt{3}\sin\theta$

$b^2+2c^2=9\cos^2\theta+6\sqrt{3}\sin\theta\cos\theta+3\sin^2\theta+24\sin^2\theta$

$=9+18\sin^2\theta+3\sqrt{3}\sin2\theta$

$=18\cdot(\frac{1-\cos2\theta}{2})+3\sqrt{3}\sin2\theta+9$

$=3\sqrt{3}\sin2\theta-9\cos2\theta+18=\sqrt{27+81}\sin(2\theta-\frac{\pi}{3})+18$

$\therefore \max\ 6\sqrt{3}+18 \quad \therefore \max=\frac{6\sqrt{3}+18}{3}-2=2\sqrt{3}+6-2=2\sqrt{3}+4$

$\therefore AD_{max}=\sqrt{2\sqrt{3}+4}=\sqrt{3}+1$

此方法计算量大，借鉴一下、

$AD_{max}=\sqrt{2\sqrt{3}+4}=\sqrt{3}+1$

$\sqrt{\sqrt{3}^2+2\sqrt{3}+1^2}$

例：在△ABC中，$A=\frac{\pi}{3}$，BC=3，D为BC的一个三等分点，则AD的最大值是 $\sqrt{3}+1$

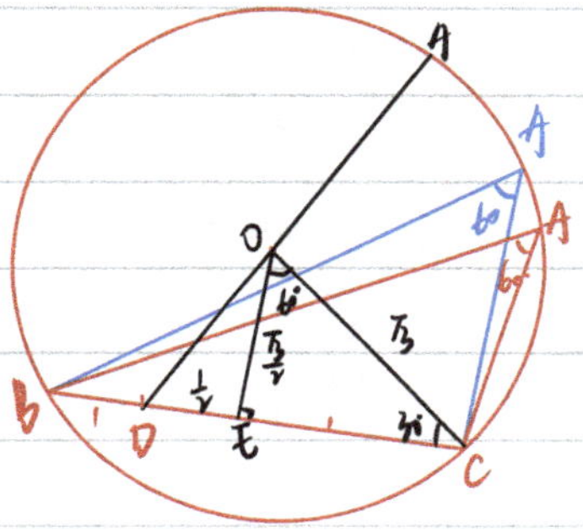

法2：几何法

$$AD_{max}=r+OD$$

$$\frac{BC}{\sin A}=2r=\frac{3}{\frac{\sqrt{3}}{2}}=3\times\frac{2}{\sqrt{3}}$$

$$r=\sqrt{3}$$

$$OD=\sqrt{\left(\frac{\sqrt{3}}{2}\right)^2+\left(\frac{1}{2}\right)^2}=1$$

$$AD_{max}=\sqrt{3}+1$$

此方法与补圆术思想类似。

中线定理及中线定理plus

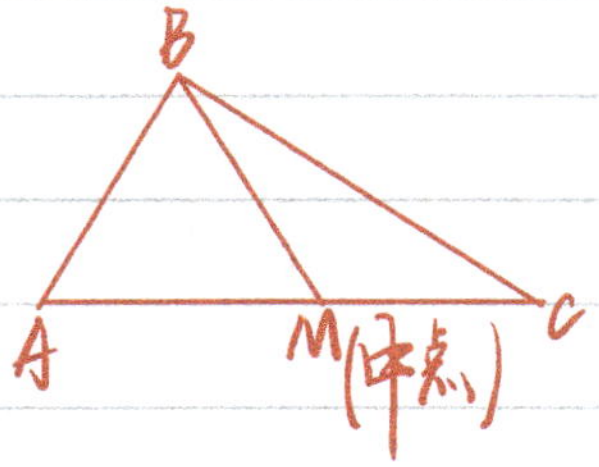

$$\overrightarrow{BM}=\frac{1}{2}(\overrightarrow{BA}+\overrightarrow{BC})$$

$$\overrightarrow{BM}^2=\frac{1}{4}(\overrightarrow{BA}^2+\overrightarrow{BC}^2+2\overrightarrow{BA}\cdot\overrightarrow{BC})$$

$$\overrightarrow{BM}^2=\frac{c^2+a^2+2ac\cdot\cos B}{4}$$

Plus：

$$BM^2=\frac{a^2+c^2+2ac\cdot\frac{a^2+c^2-b^2}{2ac}}{4}$$

$$BM^2=\frac{a^2+c^2+a^2+c^2-b^2}{4}$$

$$BM^2=\frac{2a^2+2c^2-b^2}{4}$$

非还原求体积"柱体"

"柱体"三个视图有2个以及2个以上的矩形，还原后可为柱体

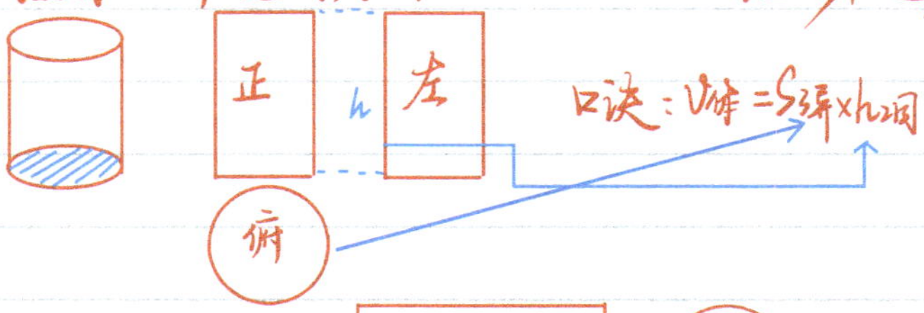

口诀：$V_{体}=S_{2异}\times h_{2同}$

长对正
高平齐
宽相等

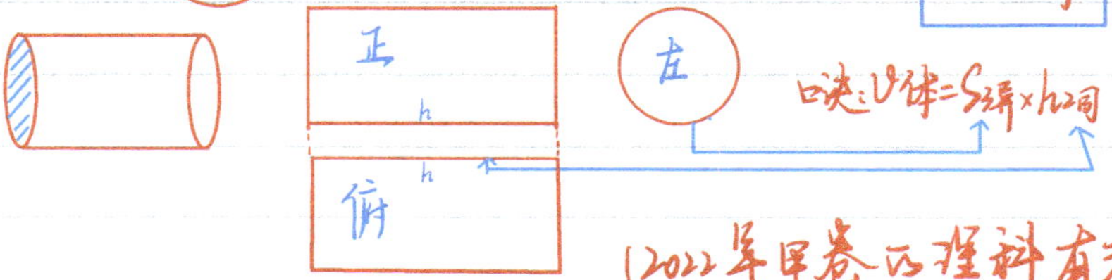

口诀：$V_{体}=S_{2异}\times h_{2同}$

(2022年甲卷的理科有考)

柱体表面积

$S_{表}=S_{侧}+2S_{底}$

$S_{侧}=C_{2异}\times h_{2同}$　$S_{底}=S_{2异}$

C代表周长

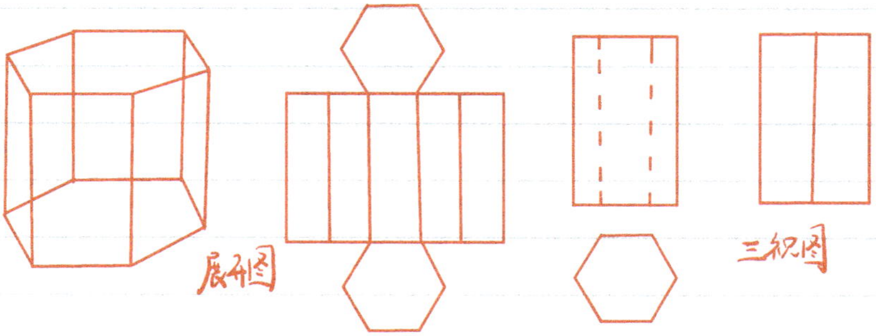

锥体表面积

$$S_{侧}=\frac{1}{2}\times l\times\sqrt{h^2+d^2}$$

l 代表俯视图中各边长
h 代表正/左的高
d 代表顶点投影到底面各边的距离

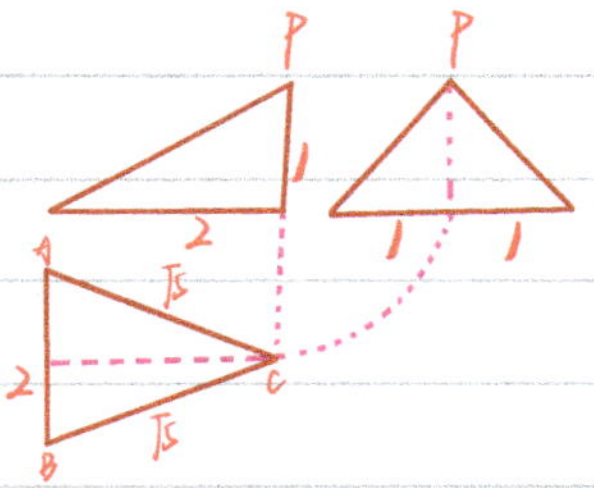

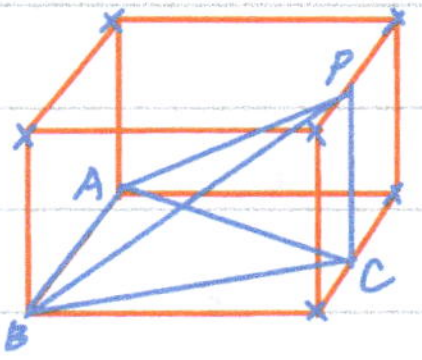

$S_{\triangle PAC}=\frac{1}{2}\times\sqrt{5}\times\sqrt{1^2+0^2}=\frac{\sqrt{5}}{2}$

$S_{\triangle PBC}=\frac{1}{2}\times\sqrt{5}\times\sqrt{1^2+0^2}=\frac{\sqrt{5}}{2}$

$S_{\triangle PAB}=\frac{1}{2}\times 2\times\sqrt{1^2+2^2}=\sqrt{5}$

$S_{\triangle ABC}=\frac{1}{2}\times 2\times 2=2$

$\therefore S_{表}=2\sqrt{5}+2$

从函数角度看数列

等差数列：通项公式 $a_n=a_1+(n-1)d$　　$a_n=a_2+(n-2)d$

$a_n=a_m+(n-m)d$

$a_n=dn+a_1-d$　关于n的一次函数，一次项系数d为公差

∴ $a_n=4n$ ⇓ $d=4$　　$a_n=4n+3$ ⇓ $d=4$　　$a_n=-2n+5$ ⇓ $d=-2$

等差数列的前n项和

$S_n=a_1+a_2+a_3+a_4+\cdots+a_n$ ①

$S_n=a_n+a_{n-1}+a_{n-2}+\cdots+a_1$ ②

$2S_n=(a_1+a_n)\times n$

$$S_n=\frac{(a_1+a_n)n}{2}=\frac{[a_1+a_1+(n-1)d]n}{2}=na_1+\frac{n(n-1)d}{2}$$

$$S_n=na_1+\frac{n^2}{2}d-\frac{n}{2}d$$

$$=\frac{d}{2}n^2+\left(a_1-\frac{d}{2}\right)n$$

关于n的二次函数且无常数项

例：$S_n=2n^2+2n+1$，同样为等差前n项和，但是一个分段数列.

当 $n=1$ 时 $S_1=a_1=5$

当 $n\geq 2$ 时 $S_n-S_{n-1}=2n^2+2n+1-[2(n-1)^2+2(n-1)+1]=4n$

$\therefore a_n=\begin{cases}4n & (n\geq 2)\\ 5 & n=1\end{cases}$ 分段数列

$a_1+a_2+a_3+\cdots+a_n=S_n$

$a_1+a_2+a_3+\cdots+a_{n-1}=S_{n-1}$ $a_n=S_n-S_{n-1}$ 注意前提：$n\geq 2$ 时

常数列：$a, a, a, a \dots$（即每项均相等）

等差中项：$a_1\ \ a_2\ \ a_3\ \ a_4 \cdots a_n$

$2a_2=a_1+a_3$，$2a_n=a_{n-1}+a_{n+1}$ $a_m+a_n=2a_{\frac{m+n}{2}}$

公差：$d=\frac{a_n-a_m}{n-m}$ $a_1+a_7=2a_4$

$a_{10}-a_2=8d$ $\frac{a_{10}-a_2}{10-2}=d$

等差数列之性质

等差中项 $m+n=p+q$ $a_m+a_n=a_p+a_q$

$m+n=2p$ $a_m+a_n=2a_p$

$S_{2n-1}=(2n-1)a_n$ ☆☆☆

证：$S_{2n-1}=\frac{(a_1+a_{2n-1})(2n-1)}{2}=\frac{2a_n(2n-1)}{2}$

$=\frac{2a_n(2n-1)}{2}=(2n-1)a_n$

eg: $S_7=7a_4$ $S_9=9a_5$ $S_6=6a_{3.5}$

1. $\{a_n\}\{b_n\}$是等差数列，S_n、T_n分别是$\{a_n\}\{b_n\}$之前n项和，则$\frac{a_n}{b_n}=\frac{S_{2n-1}}{T_{2n-1}}$

$$\frac{S_{2n-1}}{T_{2n-1}}=\frac{(2n-1)a_n}{(2n-1)b_n}$$

2. $\{a_n\}$为等差数列，S_n为前n项和，$\{\frac{S_n}{n}\}$为等差数列，公差为$\frac{d}{2}$。（→公差为d）

$S_n=\frac{d}{2}n^2+(a_1-\frac{d}{2})n$ $\frac{S_n}{n}=\frac{d}{2}n+(a_1-\frac{d}{2})$ 一次函数

3. $\{a_n\}$为等差数列，公差为d，S_n为前n项和，$\{\sqrt{S_n}\}$为等差数列，$a_1=\frac{d}{2}$ → $S_n=\frac{d}{2}n^2$

$S_n=\frac{d}{2}n^2+(a_1-\frac{d}{2})n$ $\sqrt{S_n}=\sqrt{\frac{d}{2}n^2+(a_1-\frac{d}{2})n}$ → 一次函数

→ $a_1-\frac{d}{2}=0$ $a_1=\frac{d}{2}$

4. $\{a_n\}$等差共有2n项

$a_2, a_4, a_6, a_8 \cdots\cdots a_{2n}$ 偶数项

$a_1, a_3, a_5, a_7 \cdots\cdots a_{2n-1}$ 奇数项

$S_{偶}-S_{奇}=nd$

$$\frac{S_{偶}}{S_{奇}}=\frac{\frac{n(a_2+a_{2n})}{2}}{\frac{n(a_1+a_{2n-1})}{2}}=\frac{a_{n+1}}{a_n}$$

$\{a_n\}$ 共有 $2n-1$ 项

$a_1 \quad a_3 \quad a_5 \cdots\cdots a_{2n-1}$ 共 n 项

$\rightarrow \quad a_2 \quad a_4 \cdots\cdots a_{2n-2}$ 共 $n-1$ 项

$S_{奇}-S_{偶}=a_1+(n-1)d=a_n$（$a_n$ 为中间项）

$$\frac{S_{奇}}{S_{偶}}=\frac{\frac{n(a_1+a_{2n-1})}{2}}{\frac{(n-1)(a_2+a_{2n-2})}{2}}=\frac{n}{n-1}$$

等差数列前n项和性质

1. 等距性质

$\{a_n\}$ 为等差数列，S_n 为前 n 项和.

$S_n \quad S_{2n}-S_n \quad S_{3n}-S_{2n} \quad S_{4n}-S_{3n} \cdots\cdots$ 成等差数列

$S_{2n} \quad S_{7n}-S_{2n} \quad S_{11n}-S_{7n} \quad S_{15n}-S_{11n} \cdots\cdots$ 成等差数列

2. 前n项和最值

$S_{n\,max}$ [+ + + + + +] - - - - - $\quad a_1>0 \quad d<0$

$S_{n\,min}$ [- - - - - -] + + + + + $\quad a_1<0 \quad d>0$

当 $n=9$ 或 10 时 $S_{n\,max}$ $\quad S_9=S_{10} \quad a_{10}=0$

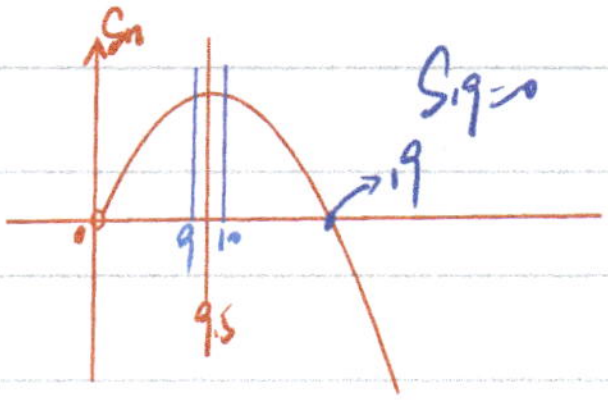

$S_{19}=19a_{10}=0$

$\therefore a_{10}=0$

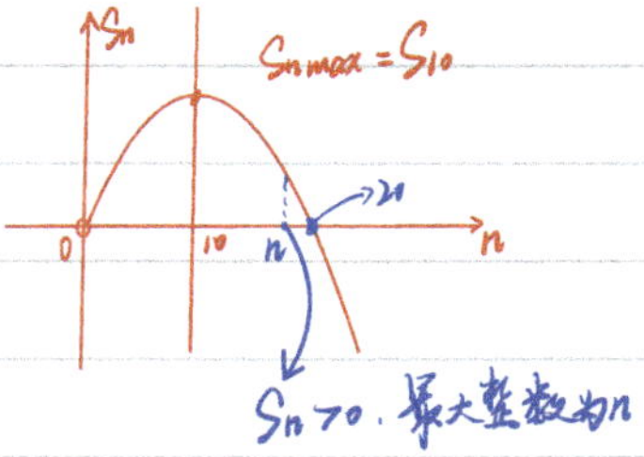

等比数列

$a_1 \overset{q}{\wedge} a_2 \overset{q}{\wedge} a_3 \overset{q}{\wedge} a_4 \overset{q}{\wedge} a_5 \cdots a_n$

$a_2 = a_1 q \quad a_3 = a_2 q = a_1 q \cdot q = a_1 q^2 \quad a_5 = a_1 q^4$

$\Rightarrow a_n = a_1 \cdot q^{n-1} \ (q \neq 0)$

$a_n = a_2 \cdot q^{n-2} \ (q \neq 0)$

$a_n = a_3 \cdot q^{n-3} \ (q \neq 0)$

$a_n = a_m \cdot q^{n-m} \ (q \neq 0)$

等比数列的前n项和

$S_n = a_1 + a_2 + a_3 + \cdots + a_n$ ①

$qS_n = a_1 q + a_2 q + a_3 q + \cdots + a_n q$ ②

① − ② $= (1-q) S_n = a_1 - a_{n+1}$

$(q \neq 1) \quad S_n = \dfrac{a_1 - a_1 q^n}{1-q} = \dfrac{a_1(1-q^n)}{1-q} = \boxed{\dfrac{a_1 - a_n q}{1-q}}$ 当 $q=1$，$S_n = n a_1$

当不确定求和的项数时使用此公式

判定等比数列 $\dfrac{a_{n+1}}{a_n} = q$（常数） 当 $q=1$ 时 $\{a_n\}$ 常数列

判断等比数列公比

$a_n = q^n$ 公比为 q

$a_n = q^{2n+1}$ 公比为 q^2 证明 $= \dfrac{a_{n+1}}{a_n} = \dfrac{q^{2(n+1)+1}}{q^{2n+1}} = \dfrac{q^{2n+3}}{q^{2n+1}} = q^2$

$a_n = q^{3n+3}$ 公比为 q^3 证明 $= \dfrac{a_{n+1}}{a_n} = \dfrac{q^{3(n+1)+1}}{q^{3n+3}} = \dfrac{q^{3n+6}}{q^{3n+3}} = q^3$

等比数列的性质：等比中项

$a_{n-1} \quad a_n \quad a_{n+1}$

$a_n^2 = a_{n-1} \cdot a_{n+1}$

$\{a_n\}$ 是等比数列，公比为 q

⟨1⟩ $\{a_n^2\}$ 是等比数列，公比为 q^2

⟨2⟩ $\{a_n \cdot a_{n+1}\}$ 是等比数列，公比为 q^2

⟨3⟩ $\{\sqrt{a_n}\}$ 是等比数列，公比为 $\sqrt{q}$

⟨4⟩ $\{a_n + a_{n+1}\}$ 不一定是等比数列

反例："摆动数列" $\underset{0}{-1, 1}, \underset{0}{-1, 1}, \underset{0}{-1, 1}, \underset{0}{-1, 1}.$

$q \neq 0$ 显然不成立

等比数列前 n 项和：

$S_n = \dfrac{a_1(1-q^n)}{1-q} = \dfrac{a_1 - a_1 q^n}{1-q} = \boxed{\dfrac{a_1}{1-q}} - \boxed{\dfrac{a_1}{1-q}} \cdot q^n$

$S_n = A \cdot q^n - A \quad (q \neq 1)$

例：$\{a_n\}$是等比数列，$\{S_n\}$是前n项和

$S_n=2\times3^n+r$，则 $r=-2$

$\{a_n\}$是等比数列，$\{S_n\}$是前n项和

$S_n=2\times3^{n-1}+r=\frac{2}{3}\times3^n+r$ 则 $r=-\frac{2}{3}$

等距性质：$\{a_n\}$是等比数列，$\{S_n\}$是前n项和。

$S_n \quad S_{2n}-S_n \quad S_{3n}-S_{2n} \quad S_{4n}-S_{3n}\cdots$

$S_n \quad S_{3n}-S_n \quad S_{5n}-S_{3n} \quad S_{7n}-S_{5n}\cdots$

成等比数列

等比数列之单调性

$a_n=a_1\cdot q^{n-1}$

- $a_1>0$
  - $q>1$
  - $0<q<1$
  - $q<0$ 摆动数列 + − + − + −
- $a_1<0$
  - $q>1$ ↓
  - $0<q<1$ ↑
  - $q<0$ 摆动数列 − + − +

等差等比混合

1. $\{a_n\}$等比，$a_n>0$ $\{\ln a_n\}$为等差。

例：$a_n=2^n$ $\ln a_n=\ln 2^n=n\ln 2$

$a_{n+1}-a_n=\ln a_{n+1}-\ln a_n=\ln\frac{a_{n+1}}{a_n}=\ln q$（公差）

$\{a_n\}$等差 $\Rightarrow \{2^{a_n}\}$等比

例：$\frac{2^{a_{n+1}}}{2^{a_n}}=2^{a_{n+1}-a_n}=2^d$（公比）

等比前n项积 T_n max/min

$a_1>1$ $0<q<1$↓ $T_{n\max}$求到最后一个大于1或等于1的数

等比数列性质

$\{a_n\}$等比，共有2n项

a_2，a_4，a_6 … a_{2n}

a_1，a_3，a_5 … a_{2n-1}

$\frac{S_{偶}}{S_{奇}}=q$

$\{a_n\}$等比，共有2n-1项

a_1 a_3 a_5 a_7 … a_{2n-1}

a_2 a_4 a_6 … a_{2n-2}

$\frac{S_{奇}-a_1}{S_{偶}}=q$

概括高中求数列通项的所有方法

1、叠(累)加法： 形如 $a_{n+1}=a_n+f(n)$　f(n)一般为等比或等差的通项公式。

$a_{n+1}-a_n=f(n)$

$a_n-a_{n-1}=f(n-1)$

$a_{n-1}-a_{n-2}=f(n-2)$ ⇒ $a_n-a_1=f(1)+f(2)+\cdots+f(n-1)$

⋮　　⋮

$a_2-a_1=f(1)$　　∴ $a_n=f(1)+\cdots+f(n-1)+a_1$

相加　相加

2、叠(累)乘法： 形如 $a_{n+1}=a_n\cdot f(n)$

$\frac{a_{n+1}}{a_n}=f(n)$　f(n)一般为一个分式

$\frac{a_{n+1}}{a_n}\times\frac{a_n}{a_{n-1}}\times\frac{a_{n-1}}{a_{n-2}}\times\cdots\times\frac{a_2}{a_1}=f(n)\times f(n-1)\times f(n-2)\times f(n-3)\times\cdots\times f(1)$

$\frac{a_n}{a_1}=f(n-1)\times f(n-2)\times f(n-3)\times\cdots\times f(1)$

3、构造法 ① 构造背景，形如 $a_{n+1}=ba_n+d$，构造等比

a_1，a_2，a_3，a_4，$a_5\cdots\ a_n$ 此数列无法求通项

尝试每一项都加入λ $a_1+\lambda$，$a_2+\lambda$，$a_3+\lambda\cdots\ a_n+\lambda$

每次都加入λ，构造出一个等比数列，其中b为公比。

$a_{n+1}+\lambda=b(a_n+\lambda)$ $\quad\therefore\lambda=\frac{d}{b-1}$

$a_{n+1}=ba_n+b\lambda-\lambda$ $\quad\therefore a_n+\lambda=(a_1+\lambda)\cdot b^{n-1}$

$a_{n+1}=ba_n+d$ $\quad a_n=(a_1+\lambda)\cdot b^{n-1}-\lambda$

② $a_{n+1}=ba_n+d^n$ 同除 b^{n+1}

$\frac{a_{n+1}}{b^{n+1}}=\frac{ba_n}{b^{n+1}}+\frac{d^n}{b^{n+1}}$ $\quad \frac{a_{n+1}}{b^{n+1}}=\frac{a_n}{b^n}+\frac{1}{b}\cdot(\frac{d}{b})^n$

(1) 如果 $d=b$，则 $\{\frac{a_n}{b^n}\}$ 是等差数列，公差为 $\frac{1}{b}$

(2) 如果 $d\neq b$，则 $\frac{a_{n+1}}{b^{n+1}}-\frac{a_n}{b^n}=\frac{1}{b}\cdot(\frac{d}{b})^n$ 需要累加法继续求通项

③ $a_{n+1}=ba_n+dn+c$ 同样构造等比数列

$a_{n+1}+x(n+1)+y=b(a_n+xn+y)$

$a_{n+1}=ba_n+b\cdot xn+by-x(n+1)-y$

$a_{n+1}=ba_n+(bx-x)n+by-x-y$

题干 $a_{n+1}=ba_n+dn+c$

$\therefore\begin{cases}bx-x=d\\ by-x-y=c\end{cases}$ 解 $\begin{cases}x=\\ y=\end{cases}$ 则 $\{a_n+xn+y\}$ 为等比，公比为 b

4. 作差法（题干有省略号）

形如：$a_1+2a_2+3a_3+4a_4+\cdots+na_n=f(n)$ ①

当 $n\geq 2$ 时 $a_1+2a_2+3a_3+4a_4+\cdots+(n-1)a_{n-1}=f(n-1)$ ②

①－② $na_n=f(n)-f(n-1)$

$a_n=\frac{f(n)-f(n-1)}{n}$ 当 $n=1$ 时，代入原检验

5. 取倒法

形如：$a_{n+1}=\frac{pa_n}{ba_n+d}$

$$\frac{1}{a_{n+1}}=\frac{ba_n+d}{pa_n}$$

$$\frac{1}{a_{n+1}}=\frac{b}{p}+\frac{d}{p}\cdot\frac{1}{a_n}$$

$$\frac{1}{a_{n+1}}=\frac{d}{p}\frac{1}{a_n}+\frac{b}{p}$$

① $d=p$ 则 $\frac{1}{a_{n+1}}=\frac{1}{a_n}+\frac{b}{p}\Rightarrow\left\{\frac{1}{a_n}\right\}$ 为等差数列

② $d\neq p$ 则如同法3 构造法

6. a_n与S_n的关系

(题干同时给出a_n与S_n即可使用)

$$a_n=\begin{cases} S_n-S_{n-1} & (n\geq 2) \\ S_n & (n=1) \end{cases}$$

以上方法是求通项的主流方法

其他方法配合第一讲讲义题型学习.

数列求和的方法

技巧：看项数是否连续
切记是项数、不是指大小

裂项相消法

(1) $a_n=\frac{1}{n(n+1)}=\frac{1}{n}-\frac{1}{n+1}$

$S_n=a_1+a_2+a_3+\cdots+a_n$

$=1-\frac{1}{2}+\frac{1}{2}-\frac{1}{3}+\cdots+\frac{1}{n}-\frac{1}{n+1}$

$S_n=1-\frac{1}{n+1}$

（$\frac{1}{n}$与$\frac{1}{n+1}$是连续项
∴前面1，后面$-\frac{1}{n+1}$）

(2) $a_n=\frac{1}{n(n+2)}=\frac{1}{2}\left(\frac{1}{n}-\frac{1}{n+2}\right)$

$S_n=a_1+a_2+a_3+\cdots+a_n$

$=\frac{1}{2}\left(1-\frac{1}{3}+\frac{1}{2}-\frac{1}{4}+\frac{1}{3}-\frac{1}{5}+\cdots+\frac{1}{n}-\frac{1}{n+2}\right)$

$S_n=\frac{1}{2}\left(1+\frac{1}{2}-\frac{1}{n+1}-\frac{1}{n+2}\right)$

$\frac{1}{n}$与$\frac{1}{n+2}$不连续
∴前面有$1+\frac{1}{2}$
后面$-\frac{1}{n+1}-\frac{1}{n+2}$

(3) $a_n=\frac{1}{n(n+3)}=\frac{1}{3}\left(\frac{1}{n}-\frac{1}{n+3}\right)$

$S_n=a_1+a_2+a_3+\cdots+a_n$

$=\frac{1}{3}\left(1-\frac{1}{4}+\frac{1}{2}-\frac{1}{5}+\frac{1}{3}-\frac{1}{6}+\frac{1}{4}-\frac{1}{7}+\cdots+\frac{1}{n}-\frac{1}{n+3}\right)$

$S_n=\frac{1}{3}\left(1+\frac{1}{2}+\frac{1}{3}-\frac{1}{n+1}-\frac{1}{n+2}-\frac{1}{n+3}\right)$

（$\frac{1}{n}$与$\frac{1}{n+3}$不连续
∴前面有$1+\frac{1}{2}+\frac{1}{3}$
后面有$-\frac{1}{n+1}$、$-\frac{1}{n+2}$、$-\frac{1}{n+3}$）

(4) $a_n=\frac{1}{4n^2-1}=\frac{1}{(2n-1)(2n+1)}=\frac{1}{2}\left(\frac{1}{2n-1}-\frac{1}{2n+1}\right)$

$S_n=a_1+a_2+a_3+\cdots+a_n$

$=\frac{1}{2}\left(1-\frac{1}{3}+\frac{1}{3}-\frac{1}{5}+\frac{1}{5}-\frac{1}{7}+\cdots+\frac{1}{2n-1}-\frac{1}{2n+1}\right)$

$S_n=\frac{1}{2}\left(1-\frac{1}{2n+1}\right)$

$\frac{1}{2n+1}$与$\frac{1}{2n-1}$是连续项
$2n+1$比$2n-1$大2
刚好一个公差
∴是连续

(5) $a_n=\frac{1}{n(n+1)(n+2)}=\frac{1}{n+1}\left(\frac{1}{n(n+2)}\right)=\left[\frac{1}{2}\left(\frac{1}{n}-\frac{1}{n+2}\right)\right]\cdot\frac{1}{n+1}=\frac{1}{2}\left[\frac{1}{n(n+1)}-\frac{1}{(n+1)(n+2)}\right]$

$S_n=a_1+a_2+a_3+\cdots+a_n$

$=\frac{1}{2}\left[\frac{1}{2}-\frac{1}{6}+\frac{1}{6}-\frac{1}{12}+\cdots+\frac{1}{n(n+1)}-\frac{1}{(n+1)(n+2)}\right]$

$S_n=\frac{1}{2}\left[\frac{1}{2}-\frac{1}{(n+1)(n+2)}\right]$

$\frac{1}{n(n+1)}$与$\frac{1}{(n+1)(n+2)}$是连续项

(6) $a_n=\frac{n+1}{n^2(n+2)^2}=(n+1)\left[\frac{1}{n^2}-\frac{1}{(n+2)^2}\right]=(n+1)\times\frac{1}{4n+4}\left[\frac{1}{n^2}-\frac{1}{(n+2)^2}\right]$

$=\frac{1}{4}\left[\frac{1}{n^2}-\frac{1}{(n+2)^2}\right]$ （$\frac{1}{n^2}$与$\frac{1}{(n+2)^2}$项数不连续）

$S_n=a_1+a_2+a_3+\cdots+a_n$

$=\frac{1}{4}\left[1-\frac{1}{9}+\frac{1}{4}-\frac{1}{16}+\frac{1}{9}-\frac{1}{25}+\frac{1}{16}-\frac{1}{36}+\cdots+\frac{1}{n^2}-\frac{1}{(n+2)^2}\right]$

$S_n=\frac{1}{4}\left[1+\frac{1}{4}-\frac{1}{(n+1)^2}-\frac{1}{(n+2)^2}\right]$

(7) $a_n=\frac{2n+1}{n^2(n+1)^2}=2n+1\left[\frac{1}{n^2}-\frac{1}{(n+1)^2}\right]\times\frac{1}{2n+1}=\frac{1}{n^2}-\frac{1}{(n+1)^2}$

n^2与$(n+1)^2$是连续项

$S_n=a_1+a_2+a_3+\cdots+a_n$

$S_n=\frac{1}{1^2}-\frac{1}{2^2}+\frac{1}{2^2}-\frac{1}{3^2}+\frac{1}{3^2}-\frac{1}{4^2}+\cdots+\frac{1}{n^2}-\frac{1}{(n+1)^2}$

$S_n=1-\frac{1}{(n+1)^2}$

<8> $a_n=\dfrac{2^n}{(2^n-1)(2^{n+1}-1)}=2^n\left[\dfrac{1}{2^n-1}-\dfrac{1}{2^{n+1}-1}\right]\times\dfrac{1}{2^n}=\dfrac{1}{2^n-1}-\dfrac{1}{2^{n+1}-1}$

2^n-1与$2^{n+1}-1$是连续项

$S_n=a_1+a_2+a_3+\cdots+a_n$

$S_n=\dfrac{1}{2^1-1}-\dfrac{1}{2^2-1}+\dfrac{1}{2^2-1}-\dfrac{1}{2^3-1}+\cdots+\dfrac{1}{2^n-1}-\dfrac{1}{2^{n+1}-1}$

$S_n=1-\dfrac{1}{2^{n+1}-1}$

<9> $a_n=\dfrac{2n+5}{(2n+1)(2n+3)\cdot 2^n}=\dfrac{x(2n+3)-y(2n+1)}{(2n+1)(2n+3)\cdot 2^n}=\dfrac{2(2n+3)-(2n+1)}{(2n+1)(2n+3)\cdot 2^n}$

$x(2n+3)-y(2n+1)=2n+5$

$\begin{cases}2x-2y=2\\3x-y=5\end{cases}\quad\begin{cases}x=2\\y=1\end{cases}$

$=\left[\dfrac{2}{2n+1}-\dfrac{1}{2n+3}\right]\times\dfrac{1}{2^n}$

$=\dfrac{1}{(2n+1)\cdot 2^{n-1}}-\dfrac{1}{(2n+3)\cdot 2^n}$

$S_n=a_1+a_2+a_3+\cdots+a_n$

$S_n=\dfrac{1}{(2+1)\cdot 2^0}-\dfrac{1}{(2+3)\cdot 2^1}+\dfrac{1}{(4+1)\cdot 2^1}-\dfrac{1}{(4+3)\cdot 2^2}+\cdots+\dfrac{1}{(2n+1)\cdot 2^{n-1}}-\dfrac{1}{(2n+3)\cdot 2^n}$

$S_n=\dfrac{1}{3\cdot 2^0}-\dfrac{1}{(2n+3)\cdot 2^n}$

$(2n+1)2^{n-1}$与$(2n+3)\cdot 2^n$连续项.

<10> $b_n=\frac{a_{n+1}}{S_n\cdot S_{n+1}}=\frac{S_{n+1}-S_n}{S_n\cdot S_{n+1}}=\frac{1}{S_n}-\frac{1}{S_{n+1}}$

S_n与S_{n+1}是连续项

$\{b_n\}$之前n项和为T_n $\{a_n\}$之前n项和为S_n

$T_n=b_1+b_2+b_3+\cdots+b_n$

$T_n=\frac{1}{S_1}-\frac{1}{S_2}+\frac{1}{S_2}-\frac{1}{S_3}+\cdots+\frac{1}{S_n}-\frac{1}{S_{n+1}}$

$T_n=\frac{1}{S_1}-\frac{1}{S_{n+1}}$

<11> $a_n=\frac{n-1}{n^2}\times 2^n\times\frac{n}{n+1}=2^n\times\frac{n-1}{n(n+1)}=2^n\times\frac{2n-(n+1)}{n(n+1)}=\frac{2^{n+1}\cdot n-2^n(n+1)}{n(n+1)}$

$=\frac{2^{n+1}}{n+1}-\frac{2^n}{n}$

$S_n=a_1+a_2+a_3+\cdots+a_n$

$S_n=\frac{2^2}{2}-\frac{2^1}{1}+\frac{2^3}{3}-\frac{2^2}{2}+\frac{2^4}{4}-\frac{2^3}{3}+\cdots+\frac{2^{n+1}}{n+1}-\frac{2^n}{n}$

$S_n=\frac{2^{n+1}}{n+1}-\frac{2}{1}=\frac{2^{n+1}}{n+1}-2$

$\because \frac{2^{n+1}}{n+1}$与$\frac{2^n}{n}$是连续项

<12> $a_n=\frac{1}{\sqrt{n}+\sqrt{n+1}}=\frac{(\sqrt{n+1}-\sqrt{n})}{(\sqrt{n}+\sqrt{n+1})(\sqrt{n+1}-\sqrt{n})}=\sqrt{n+1}-\sqrt{n}$ （$\sqrt{n+1}$与$\sqrt{n}$是连续项）

$S_n=a_1+a_2+a_3+\cdots+a_n$

$=\sqrt{2}-\sqrt{1}+\sqrt{3}-\sqrt{2}+\sqrt{4}-\sqrt{3}+\cdots+\sqrt{n+1}-\sqrt{n}=-\sqrt{1}+\sqrt{n+1}=\sqrt{n+1}-1$

$S_n=\sqrt{n+1}-1$

〈3〉 $(-1)^n \cdot \frac{4n}{(2n-1)(2n+1)} = \frac{(-1)^n \cdot \left((2n+1)+(2n-1)\right)}{(2n-1)(2n+1)} = (-1)^{n-1}\left(\frac{1}{2n+1} + \frac{1}{2n+3}\right)$

$= (-1)^{n-1} \cdot \frac{1}{2n-1} + (-1)^{n-1} \cdot \frac{1}{2n+1} = (-1)^{n-1} \frac{1}{2n-1} - (-1)^n \frac{1}{2n+1}$

$S_n = 1 - (-1)^n \frac{1}{2n+1}$

例：已知等差数列$\{a_n\}$的公差为2，前n项和为S_n，且S_1、S_2、S_4成等比数列，$n \in N^+$

〈1〉求数列$\{a_n\}$的通项公式

〈2〉令$b_n = (-1)^{n-1} \cdot \frac{4n}{a_n a_{n+1}}$，求数列$\{b_n\}$的前$n$项和$T_n$

解：$(S_2)^2 = S_1 \cdot S_4$ $\quad (a_1+a_2)^2 = a_1 \cdot (a_1+a_2+a_3+a_4)$

$a_1^2 + 2a_1a_2 + a_2^2 = a_1^2 + a_1a_2 + a_1a_3 + a_1a_4$

$a_1a_2 + a_2^2 = a_1(a_3+a_4)$

$a_1(a_1+2) + (a_1+2)^2 = a_1(a_1+4+a_1+6)$

$a_1^2 + 2a_1 + a_1^2 + 4a_1 + 4 = 2a_1^2 + 10a_1$

$4 = 4a_1 \quad \therefore a_1 = 1 \quad \therefore a_n = 1 + (n-1) \times 2 = 2n-1$

〈2〉 $b_n = (-1)^{n-1} \cdot \frac{4n}{(2n-1)(2n+1)} = (-1)^{n-1}\left(\frac{1}{2n-1} + \frac{1}{2n+1}\right)$

当n为奇数时

$S_n = b_1 + b_2 + b_3 + \cdots + b_n = 1 + \frac{1}{3} - \left(\frac{1}{3} + \frac{1}{5}\right) + \left(\frac{1}{5} + \frac{1}{7}\right) - \left(\frac{1}{7} + \frac{1}{9}\right) + \cdots + \left(\frac{1}{2n-1} + \frac{1}{2n+1}\right)$

$= 1 + \frac{1}{2n+1} = \frac{2n+2}{2n+1}$

当n为偶数时

$S_n=b_1+b_2+b_3+\cdots+b_n=1+\frac{1}{3}-(\frac{1}{3}+\frac{1}{5})+(\frac{1}{5}+\frac{1}{7})-(\frac{1}{7}+\frac{1}{9})+\cdots-(\frac{1}{2n-1}+\frac{1}{2n+1})$

$=1-\frac{1}{2n+1}=\frac{2n}{2n+1}$

错位相减法

形如 $C_n=a_n\cdot b_n$

(a_n与b_n分别是等差和等比数列)

通法：<1> 列出来

<2> 错位、乘公比、并作差

<3> 系数化为1

例：$C_n=(2n+1)\times(\frac{1}{2})^n$

$S_n=C_1+C_2+C_3+\cdots+C_n$

作差 $\begin{cases} S_n=3\times\frac{1}{2}+5\times(\frac{1}{2})^2+7\times(\frac{1}{2})^3+\cdots+(2n-1)\times(\frac{1}{2})^n \\ \frac{1}{2}S_n=3\times(\frac{1}{2})^2+5\times(\frac{1}{2})^3+\cdots+(2n-1)\times(\frac{1}{2})^n+(2n+1)\times(\frac{1}{2})^{n+1} \end{cases}$

$\frac{1}{2}S_n=\frac{3}{2}+2[(\frac{1}{2})^2+(\frac{1}{2})^3+(\frac{1}{2})^4+\cdots+(\frac{1}{2})^n]-(2n+1)\times(\frac{1}{2})^{n+1}$

$\frac{1}{2}S_n=\frac{3}{2}+2[\frac{\frac{1}{4}[1-(\frac{1}{2})^{n-1}]}{1-\frac{1}{2}}]-(2n+1)(\frac{1}{2})^{n+1}$

$\frac{1}{2}S_n=\frac{3}{2}+4\times\frac{1}{4}[1-(\frac{1}{2})^{n-1}]-(2n+1)(\frac{1}{2})^{n+1}$

$\frac{1}{2}S_n=\frac{3}{2}+1-(\frac{1}{2})^{n-1}-(2n+1)(\frac{1}{2})^{n+1}$

$\frac{1}{2}S_n=\frac{5}{2}-(\frac{1}{2})^{n-1}[1+(2n+1)\times\frac{1}{4}]$

$\frac{1}{2}S_n=\frac{5}{2}-(\frac{1}{2})^{n-1}[\frac{n}{2}+\frac{5}{4}]$

$S_n=5-(\frac{1}{2})^{n-1}(n+\frac{5}{2})$

$C_n=(an+b)\cdot q^n$　　$S_n=(kn+m)\cdot q^n-m$

$k=\frac{aq}{q-1}$（a为公差，q为公比）

$S_1=C_1$ 求m即可

$C_n=(2n+1)(\frac{1}{2})^n$

$k=\frac{2\times\frac{1}{2}}{\frac{1}{2}-1}=\frac{1}{-\frac{1}{2}}=-2$

$S_n=(-2n+m)(\frac{1}{2})^n-m$　　$S_1=C_1=\frac{3}{2}$

$S_1=(-2+m)(\frac{1}{2})-m=\frac{3}{2}$

$-1+\frac{m}{2}-m=\frac{3}{2}$

$m=-5$

$\therefore S_n=(-2n-5)(\frac{1}{2})^n+5$

$=5-(\frac{1}{2})^{n-1}(n+\frac{5}{2})$

$C_n=(2n+1)(\frac{1}{2})^{n-1}$

⇓ 切记不可直接套公式

$C_n=(4n+2)\cdot(\frac{1}{2})^n$

即可直接套公式

结果一致，熟记这个二级公式

数列的单调性

<1> $\frac{\text{一次}}{\text{一次}}$ $a_n=\frac{2n}{n+2}=\frac{2(n+2)-4}{n+2}=2-\frac{4}{n+2}$

<2> $\frac{\text{一次}}{\text{二次}}$ max $a_n=\frac{n+1}{n^2+3n+3}=\frac{n+1}{(n+1)^2+(n+1)+1}$ 同除 $n+1$ $=\frac{1}{(n+1)+1+\frac{1}{n+1}}$

$(n+1)+\frac{1}{n+1}\geq 2\sqrt{(n+1)\cdot\frac{1}{n+1}}$

<3> $\frac{\text{二次}}{\text{一次}}$ min $a_n=\frac{n^2+3n+3}{n+1}=\frac{(n+1)^2+(n+1)+1}{n+1}$ 同除 $n+1$ $=(n+1)+1+\frac{1}{n+1}$

$(n+1)+\frac{1}{n+1}\geq 2\sqrt{(n+1)\cdot\frac{1}{n+1}}$

<4> $\frac{\text{二次}}{\text{二次}}$ $a_n=\frac{n^2+4n+4}{n^2+3n+3}=\frac{n^2+3n+3+n+1}{n^2+3n+3}=1+\frac{n+1}{n^2+3n+3}$ 同<2>一致

$a_n=\frac{n+1}{n^2+3n+3}$ 如果不会转化分母同样可选择换元

令 $n+1=t$ $n=t-1$

$a_n=\frac{t}{(t-1)^2+3(t-1)+3}=\frac{t}{t^2-2t+1+3t-3+3}=\frac{t}{t^2+t+1}$

总结：齐次式 分离常数，非齐次式，同除即可

当且仅当"="成立时，n必须取**正整数** ($n\in N^+$)

区分 { $y=\frac{n}{2n+2}$ 更适合同除n，$y=\frac{1}{2+\frac{2}{n}}$　$n+\frac{2}{n}\geq 2\sqrt{2}$ 基本不等式

　　　$y=\frac{n+3}{2n+2}$ 更适分离常数，$y=\frac{\frac{1}{2}(2n+2)+2}{2n+2}=\frac{1}{2}+\frac{2}{2n+2}=\frac{1}{2}+\frac{1}{n+1}$ 极限

共同点：二者均为分式

数列常见的放缩

〈1〉求证：$\frac{1}{1^2}+\frac{1}{2^2}+\frac{1}{3^2}+\cdots+\frac{1}{n^2}<2$

$\frac{1}{n^2}<\frac{1}{n(n-1)}=\frac{1}{n-1}-\frac{1}{n}\ (n\geq 2)$

$\frac{1}{1^2}+\frac{1}{2^2}+\cdots+\frac{1}{n^2}<1+1-\frac{1}{2}+\frac{1}{2}-\frac{1}{3}+\cdots\frac{1}{n-1}-\frac{1}{n}=2-\frac{1}{n}<2$

〈2〉求证：$\frac{1}{1^2}+\frac{1}{2^2}+\frac{1}{3^2}+\cdots+\frac{1}{n^2}<\frac{7}{4}$

$\frac{1}{n^2}<\frac{1}{n^2-1}=\frac{1}{(n-1)(n+1)}=\frac{1}{2}\left(\frac{1}{n-1}-\frac{1}{n+1}\right)$

$\frac{1}{1^2}+\frac{1}{2^2}+\frac{1}{3^2}+\cdots+\frac{1}{n^2}<1+\frac{1}{2}\left(1-\frac{1}{3}+\frac{1}{2}-\frac{1}{4}+\frac{1}{3}-\frac{1}{5}+\cdots\frac{1}{n-1}-\frac{1}{n+1}\right)$

$=1+\frac{1}{2}\left(\frac{3}{2}-\frac{1}{n-1}-\frac{1}{n+1}\right)$

$=1+\frac{3}{4}-\frac{1}{2}\left(\frac{1}{n-1}+\frac{1}{n+1}\right)$

$=\frac{7}{4}-\frac{1}{2}\left(\frac{1}{n-1}+\frac{1}{n+1}\right)<\frac{7}{4}$

(3) 求证：$\frac{1}{1^2}+\frac{1}{2^2}+\frac{1}{3^2}+\cdots+\frac{1}{n^2}<\frac{5}{3}$（最精确）

$$\frac{1}{n^2}<\frac{1}{n^2-\frac{1}{4}}=\frac{4}{4n^2-1}=\frac{4}{(2n-1)(2n+1)}=2\left(\frac{1}{2n-1}-\frac{1}{2n+1}\right)$$

$$\frac{1}{1^2}+\frac{1}{2^2}+\frac{1}{3^2}+\cdots+\frac{1}{n^2}<1+2\left(\frac{1}{3}-\frac{1}{5}+\frac{1}{5}+\frac{1}{7}+\cdots+\frac{1}{2n-1}-\frac{1}{2n+1}\right)$$

$$1+\frac{2}{3}-2\cdot\frac{1}{2n+1}$$

$$\frac{5}{3}-\frac{2}{2n+1}<\frac{5}{3}$$

切记：无法放缩成 $\frac{1}{n^2-\frac{1}{4}}$ 或 $\frac{1}{n^2-\frac{1}{2}}$

因为如果这么放缩后，无法裂项相消

(4) 求证：$2(\sqrt{n+1}-1)<1+\frac{1}{\sqrt{2}}+\frac{1}{\sqrt{3}}+\cdots+\frac{1}{\sqrt{n}}<2\sqrt{n}$

$$\frac{1}{\sqrt{n+1}+\sqrt{n}}=\sqrt{n+1}-\sqrt{n}\quad \therefore \frac{1}{\sqrt{n}}=\frac{2}{\sqrt{n}+\sqrt{n}}<\frac{2}{\sqrt{n}+\sqrt{n-1}}=2(\sqrt{n}-\sqrt{n-1})$$

$$1+\frac{1}{\sqrt{2}}+\frac{1}{\sqrt{3}}+\cdots+\frac{1}{\sqrt{n}}<2(\sqrt{1}-\sqrt{0}+\sqrt{2}-\sqrt{1}+\cdots\sqrt{n}-\sqrt{n-1})$$

$$=2\sqrt{n}$$

$$2(\sqrt{n+1}-1)<1+\frac{1}{\sqrt{2}}+\frac{1}{\sqrt{3}}+\cdots+\frac{1}{\sqrt{n}}<2\sqrt{n}$$

$$\frac{1}{\sqrt{n}}=\frac{2}{\sqrt{n}+\sqrt{n}}>\frac{2}{\sqrt{n+1}+\sqrt{n}}=2(\sqrt{n+1}-\sqrt{n})$$

$$\therefore 1+\frac{1}{\sqrt{2}}+\cdots+\frac{1}{\sqrt{n}}>2(\sqrt{2}-\sqrt{1}+\sqrt{3}-\sqrt{2}+\cdots+\sqrt{n+1}-\sqrt{n})$$

$$=2(\sqrt{n+1}-1)$$

经典例题

（2014全国Ⅱ）已知数列$\{a_n\}$满足$a_1=1$，$a_{n+1}=3a_n+1$

(1) 证明：数列$\{a_n+\frac{1}{2}\}$是等比数列，并求$\{a_n\}$的通项

$a_n=\frac{3^n-1}{2}$

(2) 证明：$\frac{1}{a_1}+\frac{1}{a_2}+\cdots+\frac{1}{a_n}<\frac{3}{2}$

糖水不等式（Sugar Water inequality）

a克糖水里有b克糖（$a>b>0$），则糖的质量和糖水的质量之比为$\frac{b}{a}$，若再添加m克糖（$m>0$），则糖的质量和糖水的质量之比为$\frac{b+m}{a+m}$。生活经验告诉我们添加糖后，糖水会更甜，即不等式$\frac{b+m}{a+m}>\frac{b}{a}$（$a>b>0$，$m>0$）趣称为"糖水不等式"

法1. 糖水不等式

$\because \frac{1}{a_n}=\frac{2}{3^n-1}<\frac{2+1}{3^n-1+1}=\frac{3}{3^n}=\frac{1}{3^{n-1}}$

$\frac{1}{a_1}+\frac{1}{a_2}+\frac{1}{a_3}+\cdots+\frac{1}{a_n}<\frac{1}{3^0}+\frac{1}{3^1}+\frac{1}{3^2}+\cdots+\frac{1}{3^{n-1}}$

$=\frac{1[1-(\frac{1}{3})^n]}{1-\frac{1}{3}}=\frac{3}{2}[1-(\frac{1}{3})^n]<\frac{3}{2}$

法2. 伪等比放缩

$\frac{1}{a_n}=\frac{2}{3^n-1}$　令 $b_n=\frac{1}{a_n}$　$b_1=\frac{1}{a_1}=1$

$\frac{b_n}{b_{n-1}}=\frac{\frac{2}{3^n-1}}{\frac{2}{3^{n-1}-1}}=\frac{3^{n-1}-1}{3^n-1}=\frac{\frac{1}{3}(3^n-1)-\frac{2}{3}}{3^n-1}=\frac{1}{3}-\frac{\frac{2}{3}}{3^n-1}<\frac{1}{3}$

$\therefore b_n<\frac{1}{3}b_{n-1}$　$b_{n-1}<\frac{1}{3}b_{n-2}$　$\therefore b_n<(\frac{1}{3})^2 b_{n-2}$

$\therefore b_n<(\frac{1}{3})^{n-1}\cdot b_1$　$\therefore b_n<(\frac{1}{3})^{n-1}$

$\therefore \frac{1}{a_1}+\frac{1}{a_2}+\cdots+\frac{1}{a_n}=b_1+b_2+\cdots+b_n<\frac{1(1-(\frac{1}{3})^n)}{1-\frac{1}{3}}$

$=\frac{3}{2}[1-(\frac{1}{3})^n]$

$=\frac{3}{2}-\frac{3}{2}\times(\frac{1}{3})^n<\frac{3}{2}$

证毕

向量的相关性质

向量的坐标运算

$\vec{a}=(x_1,y_1)$　$\vec{b}=(x_2,y_2)$

$\lambda\vec{a}=(\lambda x_1,\lambda y_1)$　$\mu\vec{b}=(\mu x_2,\mu y_2)$

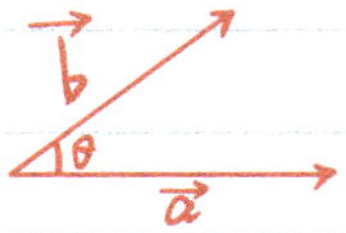

$|\vec{a}|=\sqrt{x_1^2+y_1^2}$　$|\vec{a}+\vec{b}|=\sqrt{(x_1+x_2)^2+(y_1+y_2)^2}$

$A(x_1,y_1)$　$B(x_2,y_2)$

$\overrightarrow{AB}=(x_2-x_1,y_2-y_1)$　$\overrightarrow{BA}=(x_1-x_2,y_1-y_2)$

$\vec{a}\cdot\vec{b}=|\vec{a}|\cdot|\vec{b}|\cdot\cos A$　$\vec{a}\cdot\vec{b}=x_1x_2+y_1y_2$

$\cos\theta=\frac{\vec{a}\cdot\vec{b}}{|\vec{a}||\vec{b}|}=\frac{x_1x_2+y_1y_2}{\sqrt{x_1^2+y_1^2}\cdot\sqrt{x_2^2+y_2^2}}$

垂直

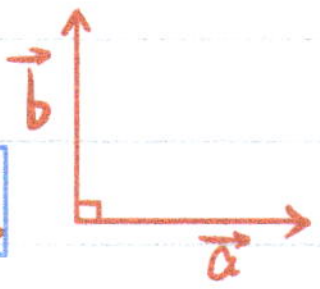

$\vec{a}\perp\vec{b}$　$\vec{a}\cdot\vec{b}=|\vec{a}|\cdot|\vec{b}|\cdot\cos 90^\circ=0$

$\therefore\vec{a}\cdot\vec{b}=x_1x_2+y_1y_2=0$

平行（共线）

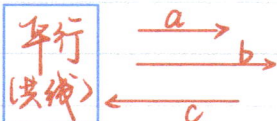

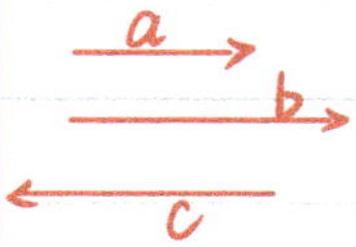

$\vec{a}\parallel\vec{b}\parallel\vec{c}$

$\vec{a}=\lambda\vec{b}$ $\begin{cases}\lambda>0 & \text{同向平行}\\ \lambda<0 & \text{反向平行}\end{cases}$　$\vec{a}\parallel\vec{b}\Rightarrow x_1y_2=x_2y_1$

规定：零向量与任意向量平行

投影（射影问题）

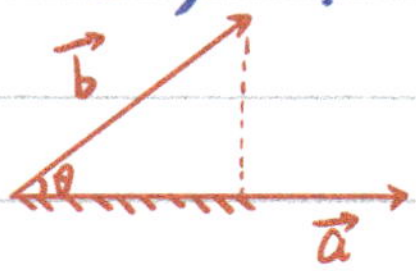

$\vec b$在$\vec a$的投影为$\frac{\vec a\cdot\vec b}{|\vec a|}$

$\vec a$在$\vec b$上的投影为$\frac{\vec a\cdot\vec b}{|\vec b|}$

证明：$\cos\theta=\frac{\vec b\text{在}\vec a\text{上投影}}{|\vec b|}=\frac{\vec a\cdot\vec b}{|\vec a||\vec b|}$ 同时乘$|\vec b|$即可

$\vec b$在$\vec a$上投影$=\frac{\vec a\cdot\vec b}{|\vec a|}$

高端用法：

$\vec a\cdot\vec b=|\vec a|\cdot|\vec b|\cdot\cos\theta$　当题干不明确$|\vec b|$与θ的具体值、

$=|\vec a|\cdot\vec b$在$\vec a$上的投影

$\vec a\cdot\vec b=|\vec b|\cdot\vec a$在$\vec b$上的投影　（常见于外接圆题型）

向量的线性运算

平行四边形法则

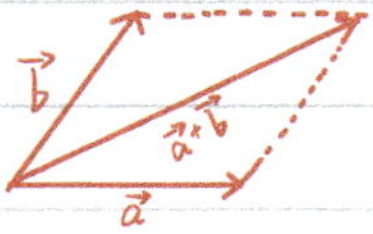

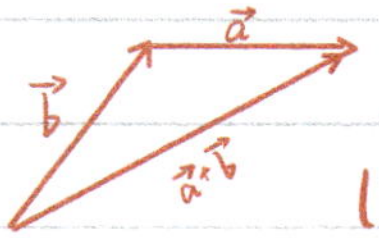

三角形法则（首尾相连）

例：$\vec{OA}+\vec{AB}+\vec{BC}=\vec{OC}$

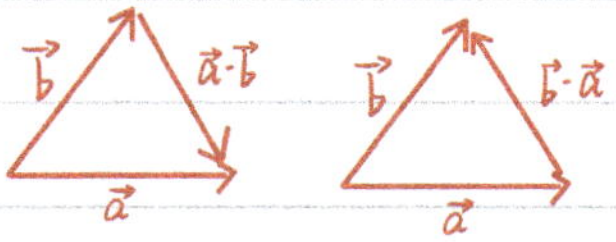

（谁减指向谁）

夹角常考模型

<1> $|\vec{a}+\vec{b}|=|\vec{a}-\vec{b}|$ 则 $\langle\vec{a},\vec{b}\rangle=\frac{\pi}{2}$

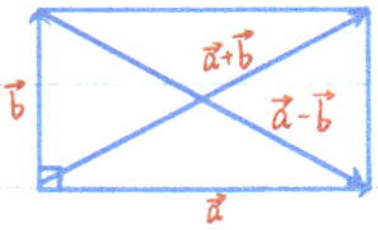

<2> $|\vec{a}|=|\vec{b}|=|\vec{a}-\vec{b}|$ 则 $\langle\vec{a},\vec{b}\rangle=\frac{\pi}{3}$

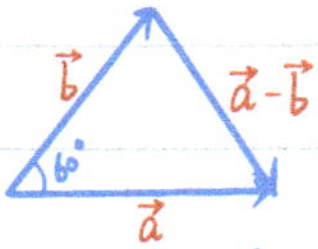

<3> $|\vec{a}|=|\vec{b}|=|\vec{a}+\vec{b}|$ 则 $\langle\vec{a},\vec{b}\rangle=\frac{2\pi}{3}$

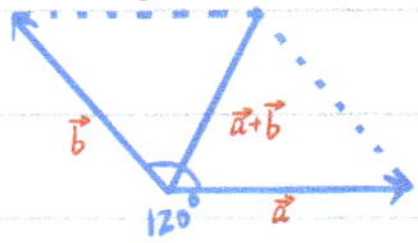

<4> $|\vec{a}+\vec{b}|=|\vec{a}-\vec{b}|=2|\vec{a}|$，则 $\langle\vec{b},\vec{a}-\vec{b}\rangle=\frac{5\pi}{6}$

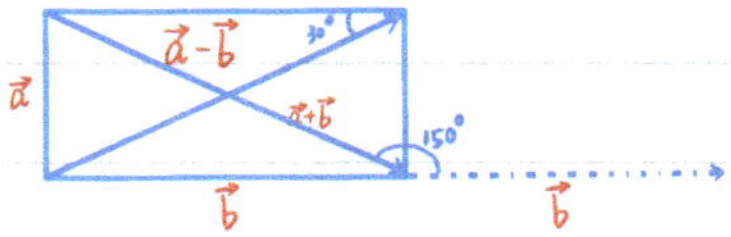

平面向量共线的性质：

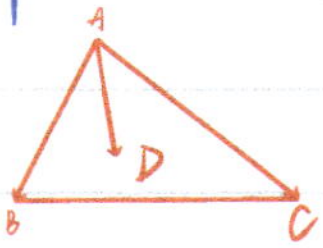

$\vec{AD}=x\vec{AB}+y\vec{AC}$
则 $x+y<1$

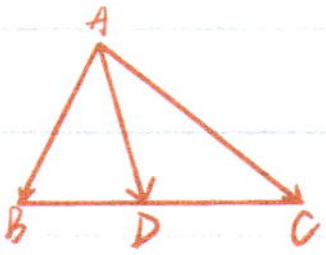

$\vec{AD}=x\vec{AB}+y\vec{AC}$
B、D、C 三点共线，则 $x+y=1$

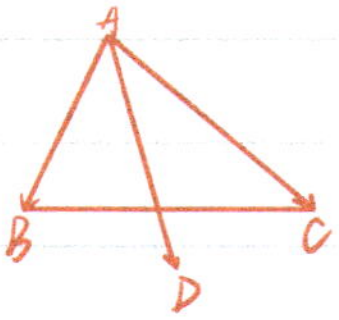

$\vec{AD}=x\vec{AB}+y\vec{AC}$
则 $x+y>1$

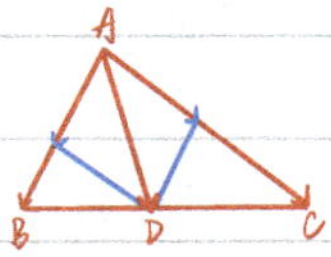

$\overrightarrow{AD}=x\overrightarrow{AB}+y\overrightarrow{AC}$

B、D、C三点共线，则$x+y=1$

$\overrightarrow{BD}=\frac{1}{3}\overrightarrow{BC}$

则$x=\frac{2}{3}$，$y=\frac{1}{3}$

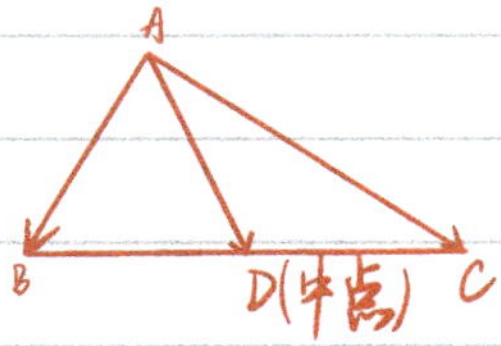

$\overrightarrow{AD}=x\overrightarrow{AB}+y\overrightarrow{AC}$

则$x=\frac{1}{2}$ $y=\frac{1}{2}$

建议大家掌握

等和线性质推导

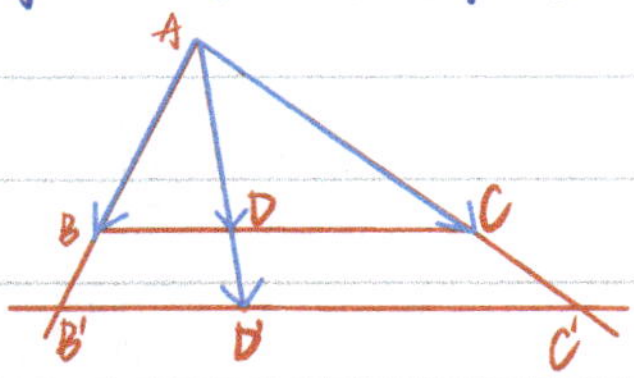

$\overrightarrow{AD}=x\overrightarrow{AB}+y\overrightarrow{AC}$ $x+y=1$

$\overrightarrow{AD'}=x\overrightarrow{AB}+y\overrightarrow{AC}$ $x+y>1$

$\overrightarrow{AD}=x\overrightarrow{AB'}+y\overrightarrow{AC}$ $x+y<1\longrightarrow\frac{AD'}{AD}$ 长短

$\overrightarrow{AD'}=\lambda\overrightarrow{AD}$

$\lambda\overrightarrow{AD}=x\overrightarrow{AB}+y\overrightarrow{AC}$ $\overrightarrow{AD}=\frac{x}{\lambda}\overrightarrow{AB}+\frac{y}{\lambda}\overrightarrow{AC}$

$\frac{x}{\lambda}+\frac{y}{\lambda}=1$ $\therefore x+y=\lambda=\frac{AD'}{AD}$ 长短

极化恒等式

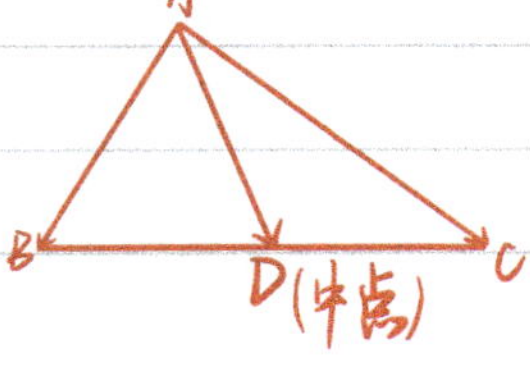

$\overrightarrow{AB}\cdot\overrightarrow{AC}=AD^2-BD^2=AD^2-CD^2$

推导：$\overrightarrow{AB}+\overrightarrow{AC}=2\overrightarrow{AD}$

$\overrightarrow{AB}-\overrightarrow{AC}=\overrightarrow{CB}=2\overrightarrow{DB}$

$$(\vec{AB}+\vec{AC})^2 = AB^2 + 2\vec{AB}\cdot\vec{AC} + AC^2 = 4AD^2$$
$$(\vec{AB}-\vec{AC})^2 = AB^2 - 2\vec{AB}\cdot\vec{AC} + AC^2 = 4DB^2$$
$$4\vec{AB}\cdot\vec{AC} = 4AD^2 - 4DB^2$$
$$\vec{AB}\cdot\vec{AC} = AD^2 - BD^2$$

奔驰定理以及推导

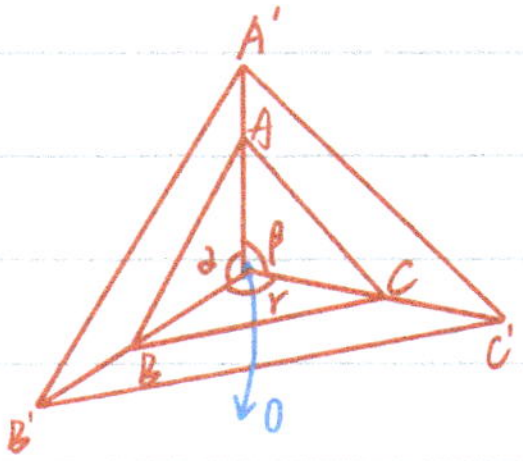

$$x\vec{OA} + y\vec{OB} + z\vec{OC} = 0$$
$$\Downarrow$$
$$S_{\triangle AOB} : S_{\triangle AOC} : S_{\triangle BOC} = z : y : x$$

推导：$x\vec{OA} = \vec{OA'}$
$y\vec{OB} = \vec{OB'}$
$z\vec{OC} = \vec{OC'}$

$\vec{OA'} + \vec{OB'} + \vec{OC'} = 0$，O 为 $\triangle A'B'C'$ 的重心

$\therefore S_{\triangle A'OB'} = S_{\triangle A'OC'} = S_{\triangle B'OC'}$

$$\frac{1}{2}x|\vec{OA}|\cdot y|\vec{OB}|\cdot \sin\alpha = \frac{1}{2}x|\vec{OA}|\cdot z\cdot|\vec{OC}|\cdot \sin\beta$$
$$= \frac{1}{2}y|\vec{OB}|\cdot z|\vec{OC}|\cdot \sin\gamma$$
$$xyS_{\triangle AOB} = xzS_{\triangle AOC} = yz\cdot S_{\triangle BOC}$$
$$\frac{S_{\triangle AOB}}{S_{\triangle AOC}} = \frac{z}{y}$$

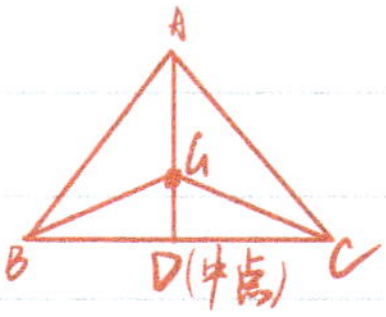

重心将 $\triangle ABC$ 分为面积相等的三部分

$$S_{\triangle ABG} = \frac{2}{3}S_{\triangle ABD} = \frac{2}{3}\times\frac{1}{2}S_{\triangle ABC}$$
$$S_{\triangle ABG} = \frac{1}{3}S_{\triangle ABC}$$

向量的计算面积的方法

$$S_{\triangle AOB}=\frac{1}{2}|OA||OB|\cdot\sin\angle AOB$$
$$=\frac{1}{2}|\vec{a}||\vec{b}|\cdot\sin\angle AOB$$
$$=\frac{1}{2}\sqrt{|\vec{a}|^2|\vec{b}|^2\cdot\sin^2\angle AOB}$$
$$=\frac{1}{2}\sqrt{|\vec{a}|^2|\vec{b}|^2(1-\cos^2\angle AOB)}$$
$$=\frac{1}{2}\sqrt{|\vec{a}|^2|\vec{b}|^2-|\vec{a}|^2|\vec{b}|^2\frac{(\vec{a}\cdot\vec{b})^2}{|\vec{a}|^2|\vec{b}|^2}}$$
$$=\frac{1}{2}\sqrt{|\vec{a}|^2|\vec{b}|^2-\vec{a}^2\vec{b}^2}$$

$$\overrightarrow{OA}=\vec{a}$$
$$\overrightarrow{OB}=\vec{b}$$
$$\cos\angle AOB=\frac{\vec{a}\cdot\vec{b}}{|\vec{a}||\vec{b}|}$$

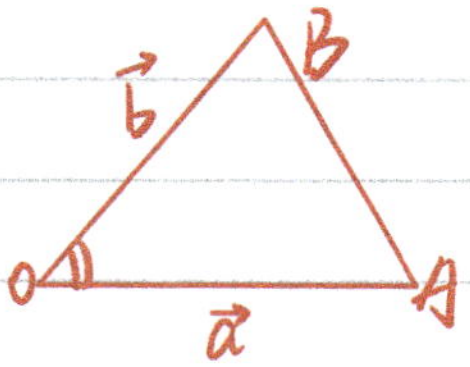

$\vec{a}=(x_1,y_1)\quad\vec{b}=(x_2,y_2)$

$$=\frac{1}{2}\sqrt{(x_1^2+y_1^2)(x_2^2+y_2^2)-(x_1x_2+y_1y_2)^2}$$
$$=\frac{1}{2}\sqrt{x_1^2x_2^2+x_1^2y_2^2+y_1^2x_2^2+y_1^2y_2^2-x_1^2x_2^2-2x_1x_2y_1y_2-y_1^2y_2^2}$$
$$=\frac{1}{2}\sqrt{(x_1y_2-x_2y_1)^2}$$
$$=\frac{1}{2}|x_1y_2-x_2y_1|$$

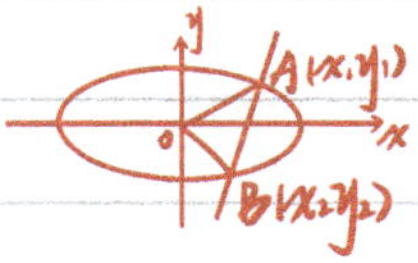

$$S_{\triangle AOB}=\frac{1}{2}|x_1y_2-x_2y_1|$$

棱锥的外接球相关结论

(1) 正四面体

(所有面均为正三角形)

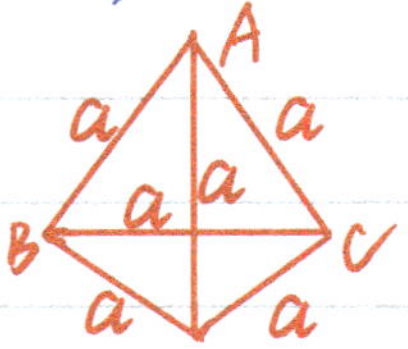

$R=\frac{\sqrt{6}}{4}a$(外接球半径)

$r=\frac{\sqrt{6}}{12}a$(内切球半径)

(2) 正棱锥的外接球

(适用于所有正棱锥)

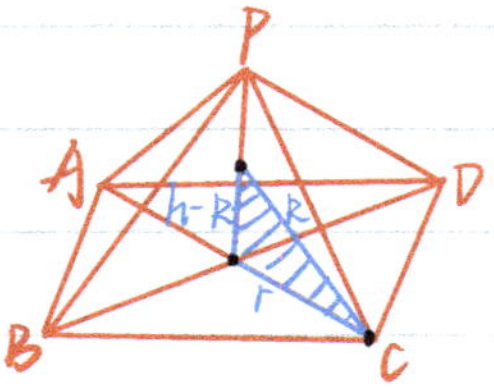

$(h-R)^2+r^2=R^2$

(3) 柱体的外接球

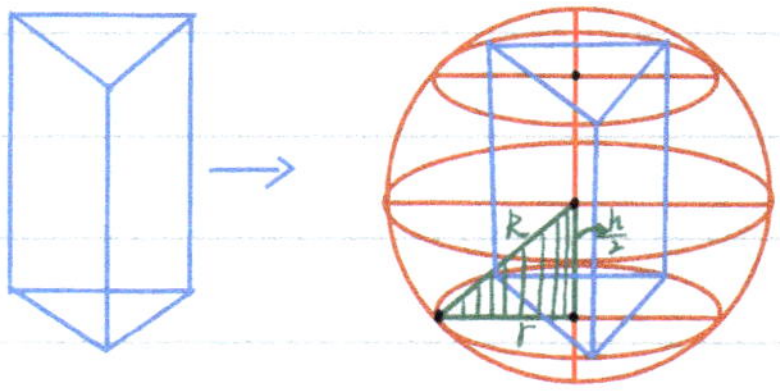

$(\frac{h}{2})^2+r^2=R^2$

侧棱垂直于底面的锥体

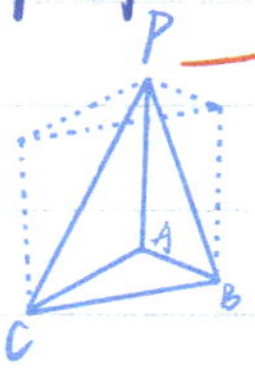

(PA⊥面ABC)

<4>正方体，长方体的外接球

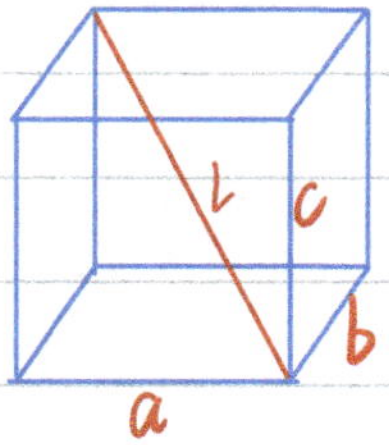

$l=2R=\sqrt{a^2+b^2+c^2}$　　$R=\frac{\sqrt{a^2+b^2+c^2}}{2}$

l为体对角线

三条侧棱两两互相垂直的棱锥

$PA\perp PB\perp PC$

$R=\frac{\sqrt{PA^2+PB^2+PC^2}}{2}$

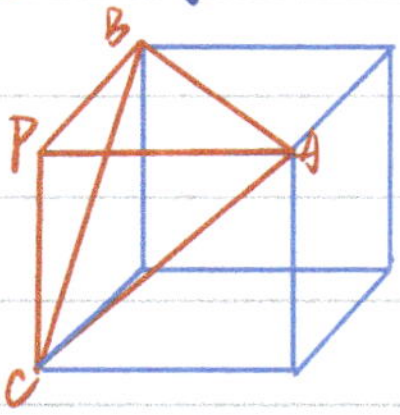

<5>球心到截面的距离d：

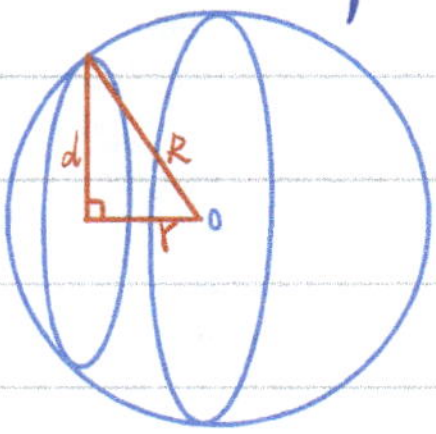

$d^2+r^2=R^2$

$d=\sqrt{R^2-r^2}$

d代表球心到截面的距离

r代表截面圆半径

R代表球半径

<6> 双半径单交线

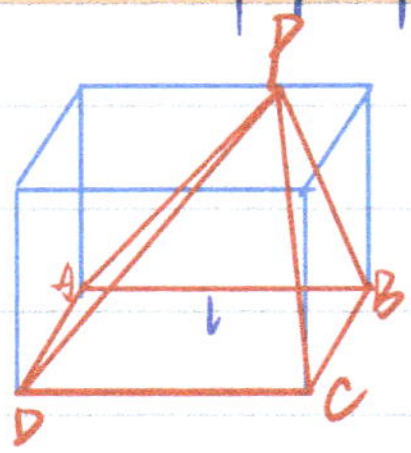

$R=\sqrt{r_1^2+r_2^2-\frac{l^2}{4}}$

r_1, r_2 代表互相垂直的两个面的外接圆半径

l 为交线

<7> 双距离单交线公式

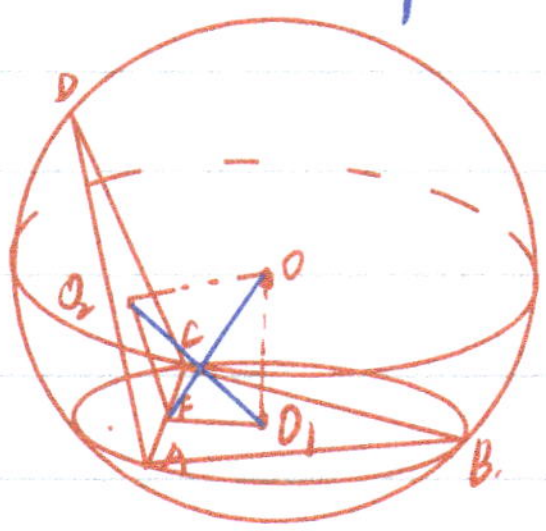

两个三角形平面 α、β 存在夹角

其外接球半径为 R

则 $R^2=\frac{m^2+n^2-2mn\cos\theta}{\sin^2\theta}+\frac{l^2}{4}$

m：平面 α 外接圆圆心到交线的距离（O₁F）

n：平面 β 外接圆圆心到交线的距离（O₂F）

θ：m 与 n 的夹角

l：面 α 与面 β 的交线

推导如下：

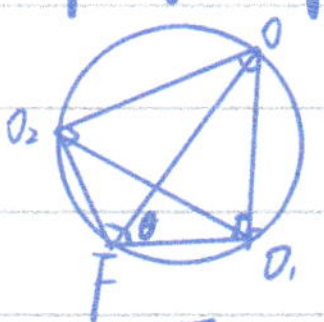

O为球心，O_1为三角形ABC外接圆心，
O_2为三角形ADC的外接圆心

$OO_1\perp$面α　$OO_2\perp$面β　$\angle O_1FO_2$为θ　$O_1F=m$　$O_2F=n$

$O_1O_2^2=m^2+n^2-2mn\cos\theta$　在$\triangle O_1O_2F$中 $\frac{O_1O_2}{\sin\theta}=2r=OF$

$OF=\frac{O_1O_2}{\sin\theta}$　$OF^2=\frac{O_1O_2^2}{\sin^2\theta}$

$Rt\triangle OFA$中　$OA=R$　$R^2=OF^2+AF^2=OF^2+(\frac{l}{2})^2$

$\therefore R^2=\frac{m^2+n^2-2mn\cos\theta}{\sin^2\theta}+\frac{l^2}{4}$

<8> 球的内接棱锥的体积最大值

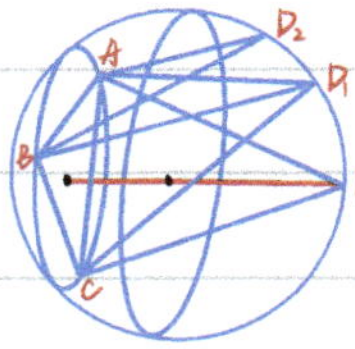

当动点D动到如图所示的位置时，则体高最大

$h_{max}=d+R$

$V_{max\,D-ABC}=\frac{1}{3}\times S_{\triangle ABC}\times h$　　$h_{max}\Rightarrow V_{max}$

<9> 当三棱锥的一条侧棱为球的直径时

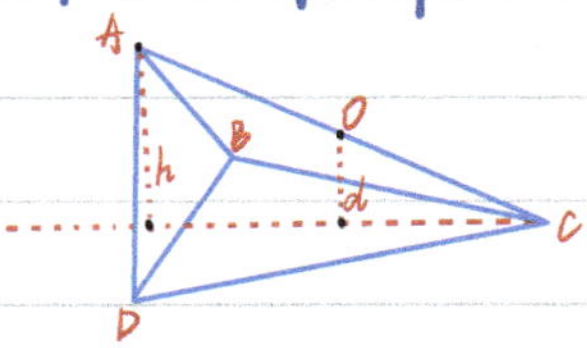

当AC为球的直径时

$d=\sqrt{R^2-r^2}$　$h=2d$（中位线）

（h为体高，d为球心到截面距离）

常用外接圆r的计算方法

<1> 等边三角形

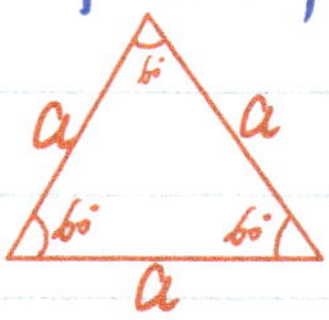

$\frac{a}{\sin 60^\circ}=2r$　$a\times\frac{2}{\sqrt{3}}=2r$　$\therefore r=\frac{\sqrt{3}}{3}a$

<2> 直角三角形

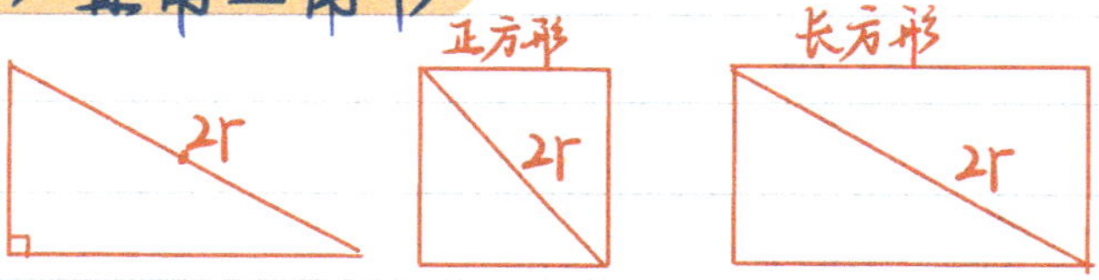

<3> 等腰三角形

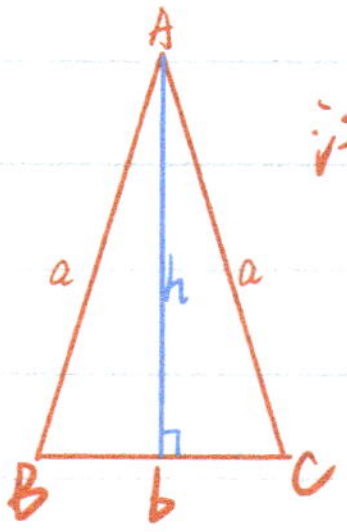

法1：先余弦

$\cos A \Rightarrow \sin A$

$\frac{a}{\sin A}=2r$

法2：$S=\frac{1}{2}bh=\frac{1}{2}a^2\sin A$

$bh=a^2\sin A$

$bh=a^2\cdot\frac{b}{2r}$

$\therefore 2r=\frac{a^2}{h}$　$r=\frac{a^2}{2h}$

适用于所有三角形

<4> 正六边形

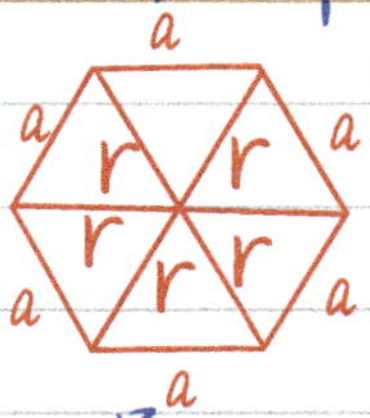

r=a 边长即为外接圆圆心)

<5> 梯形

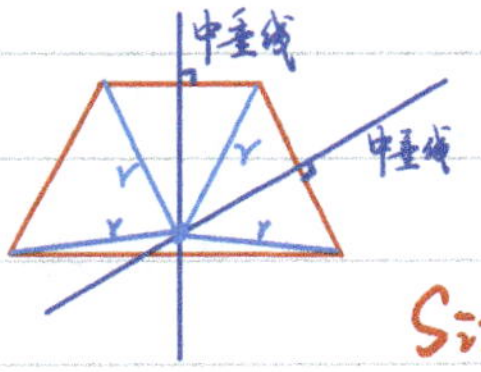

两条中垂线交点即为圆心

圆心到梯形上任意一点距离均为半径

$S_{球}=4\pi R^2$ $V_{球}=\frac{4}{3}\pi R^3$ (R为球半径) $(V)'=S$

立体几何的结论

<1> 公垂线（异面直线公共的垂线）

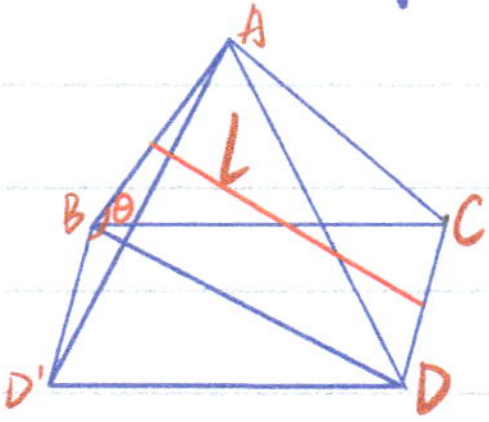

已知：$AB\perp l$　$CD\perp l$（l 为 AB 与 CD 公垂线）

求 A-BCD 的体积最大

$CD \parallel BD'$　$V_{A-BCD}=V_{A-BDD'}$（等底同高）

$=\frac{1}{3}\times S_{\triangle ABD'}\times l$

$=\frac{1}{3}\times\frac{1}{2}\times AB\times B'D\times \sin\theta\times l$

$=\frac{1}{6}\times AB\times CD\times\sin\theta\times l$

$\therefore V_{max}=\frac{1}{6}\times AB\times CD\times l$

$\sin\theta_{max}=1$

$\begin{cases} l\perp CD \quad l\perp BD' \quad l\perp AB \\ AB\cap BD'=B \\ \therefore l\perp 面ABD' \\ \quad l 为体高 \end{cases}$

<2> 直截面

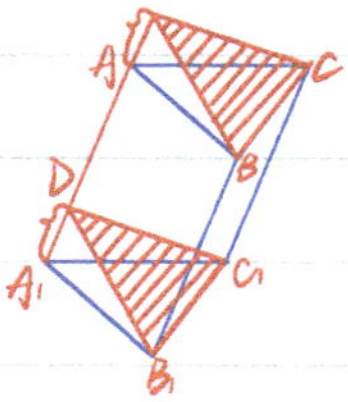

$\begin{cases} B_1D\perp AA_1 \\ C_1D\perp AA_1 \\ B_1D\cap C_1D=D \end{cases} \Rightarrow \therefore AA_1\perp 面B_1DC$

结论：$V_{ABC-A_1B_1C_1}=S_{\triangle DB_1C_1}\times AA_1$

例：一个斜三棱柱的底面边长是4的正三角形，侧棱长为5，其中一条侧棱与底面三角形的相邻边都是60°角，则这个三棱柱的体积 ___D___

A. $\frac{50\sqrt{3}}{3}$ B. $20\sqrt{3}$ C. $\frac{50\sqrt{2}}{3}$ D. $20\sqrt{2}$

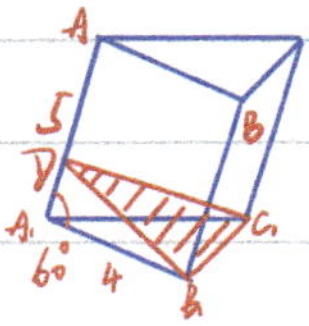

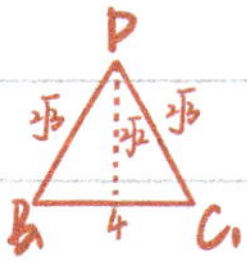

$V_{ABC-A_1B_1C_1} = S_{\triangle DB_1C_1} \times AA_1$

$= \frac{1}{2} \times 4 \times 2\sqrt{2} \times 5 = 20\sqrt{2}$

<3> 三余弦定理

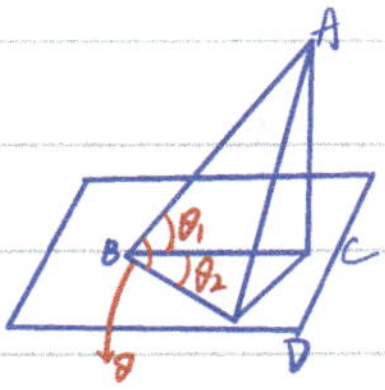

BC为AB的投影 $\Rightarrow \cos\theta = \cos\theta_1 \cdot \cos\theta_2$

$BD \perp DC$ $BD \perp AD$

$\triangle ABC$ 为 $Rt\triangle$ $\Rightarrow \cos\theta_1 = \frac{BC}{AB}$

$\triangle ABD$ 为 $Rt\triangle$ $\Rightarrow \cos\theta = \frac{BD}{AB}$ $\cos\theta_1 \cdot \cos\theta_2 = \cos\theta$

$\triangle BCD$ 为 $Rt\triangle$ $\Rightarrow \cos\theta_2 = \frac{BD}{BC}$

例：一个斜三棱柱的底面边长是4的正三角形，侧棱长为5，其中一条侧棱与底面三角形的相邻边都是60°角，则这个三棱柱的体积 ___D___

A. $\frac{50\sqrt{3}}{3}$ B. $20\sqrt{3}$ C. $\frac{50\sqrt{2}}{3}$ D. $20\sqrt{2}$

法2：三余弦定理求解

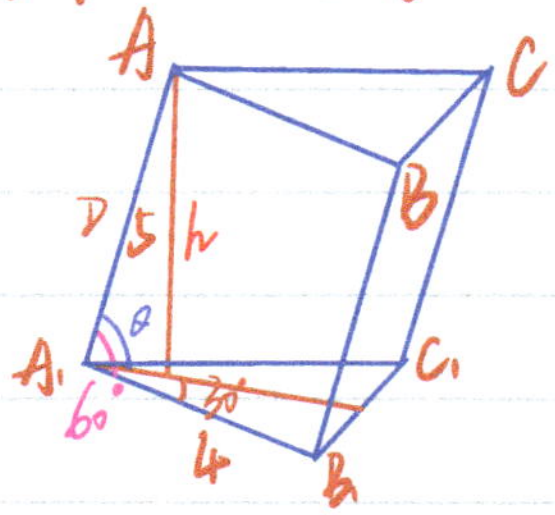

$\cos\theta\cdot\cos30^\circ=\cos60^\circ$

$\cos\theta\times\frac{\sqrt{3}}{2}=\frac{1}{2}$

$\cos\theta=\frac{\sqrt{3}}{3}$ $\sin\theta=\frac{\sqrt{6}}{3}$ $\sin\theta=\frac{h}{5}$ $h=\frac{5\sqrt{6}}{3}$

$V=\frac{1}{2}\times4\times4\times\frac{\sqrt{3}}{2}\times\frac{5\sqrt{6}}{3}=4\sqrt{3}\times\frac{5\sqrt{6}}{3}=\frac{20\sqrt{18}}{3}=20\sqrt{2}$

立体几何的判定条件(共计7条)

<1>出现等腰找中点，三线合一，证垂直.

<2>当底面和侧面出现菱形，正方形要注意对角线互相垂直

<3>面面垂直的性质

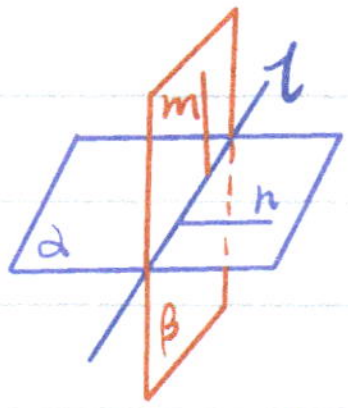

$\left.\begin{matrix}\alpha\perp\beta\\ \alpha\cap\beta\end{matrix}\right\}\Rightarrow\begin{cases}m\perp l\text{(交线)}\\ m\subset\beta\\ m\perp\alpha\end{cases}$ 或 $\begin{cases}n\perp l\text{(交线)}\\ n\subset\alpha\\ n\perp\beta\end{cases}$

<4>当三角形或四边形的边长均已知(或已知边长之间的关系)则利用余弦定理或勾股定理.

<5>三垂线定理

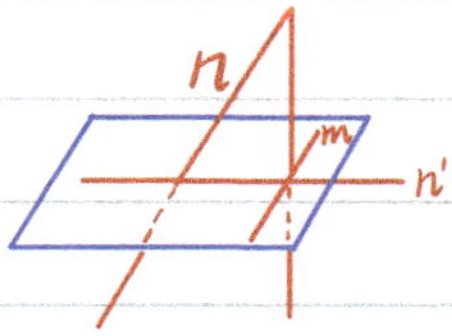

n'为n在平面α的投影

$n' \perp m$

$n \perp m$ ∴口诀：投影垂直，则自身垂直

<6>常用垂直模型

①

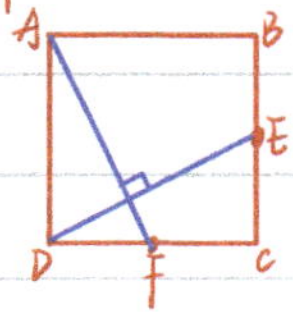

四边形ABCD为正方形

(E、F分别是BC、CD的中点)

则$AF \perp DE$

②

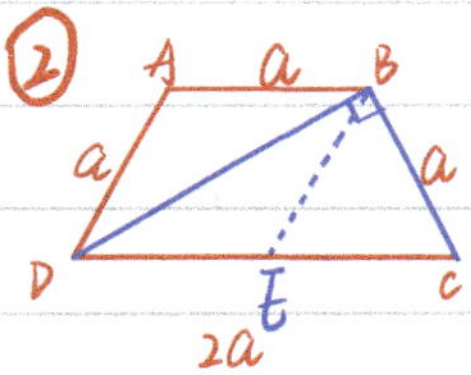

1:1:1:2型 〈2022年全国甲卷考查〉

$BD \perp CB$ 证明：取CD中点E，连接BE

$DE=CE=a$ $BE=a$

∴$\angle DBE=30°$，$\angle CBE=60°$ ∴$BD \perp BC$

③

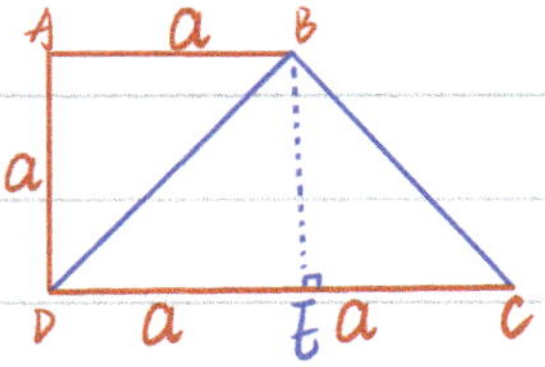

1:1:2型 $BD \perp CB$

证明：取CD中点E，连接BE

$DE=CE=a$ $BE=a$

∴$\angle CBE=45°$ $\angle DBE=45°$ ∴$BD \perp BC$

④ 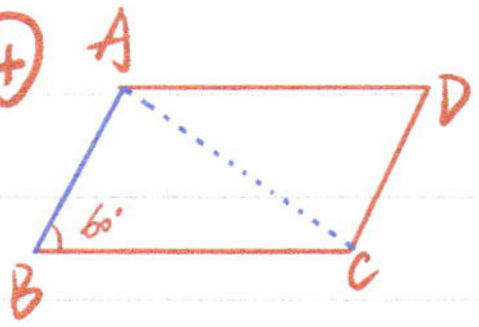

已知 $\angle B=60°$，$AB=\frac{1}{2}BC$

⇓

$AC\perp AB$

⑤ 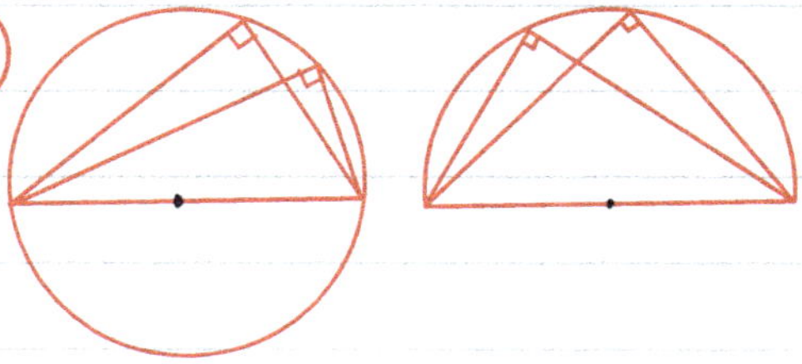

当底面或侧面出现半圆或整圆时

直径所对角为直角

叉乘法求法向量

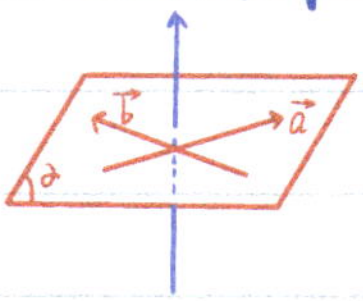

$\vec{a}=(x_1, y_1, z_1)$

$\vec{b}=(x_2, y_2, z_2)$

$$\begin{matrix} x_1 & y_1 & z_1 & x_1 & y_1 & z_1 \\ x_2 & y_2 & z_2 & x_2 & y_2 & z_2 \end{matrix}$$

$\vec{n}=(y_1z_2-z_1y_2,\ z_1x_2-x_1z_2,\ x_1y_2-y_1x_2)$

口诀：写2次，去头去尾

交叉作差

定比分点公式

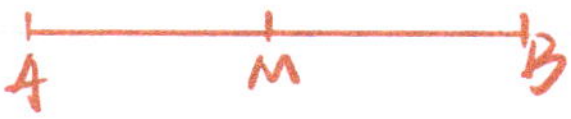

$A(x_1, y_1, z_1)$ $B(x_2, y_2, z_2)$ $\overrightarrow{AM}=\lambda\overrightarrow{MB}$

$M\left(\frac{x_1+\lambda x_2}{1+\lambda}, \frac{y_1+\lambda y_2}{1+\lambda}, \frac{z_1+\lambda z_2}{1+\lambda}\right)$

三棱锥中常用的结论

结论1 在三棱锥P-ABC中，PA=PB=PC，则P在底面投影O为△ABC的外心

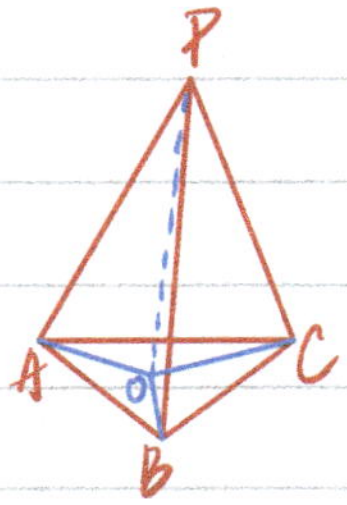

证明：∵PA=PB=PC

∴Rt△POA≌Rt△POB≌Rt△POC

∴OA=OB=OC

∴O为△ABC的外接圆圆心

结论2 在三棱锥P-ABC中，P到ABC的三边距离相等，则P在底面投影O为△ABC的内心

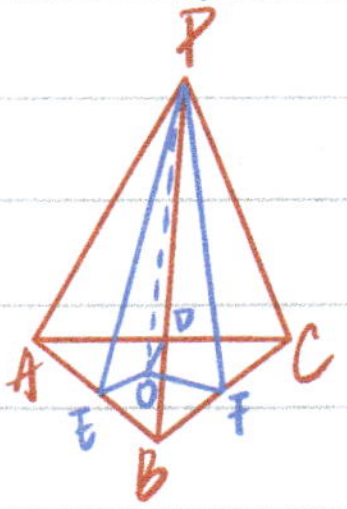

证明：∵PD=PE=PF

∴Rt△POD≌Rt△POE≌Rt△POF

∴OD=OE=OF

∴O为△EFD内切圆的圆心

结论3 在三棱锥P-ABC中，PA⊥PB⊥PC，则P在底面的投影O为△ABC的垂心

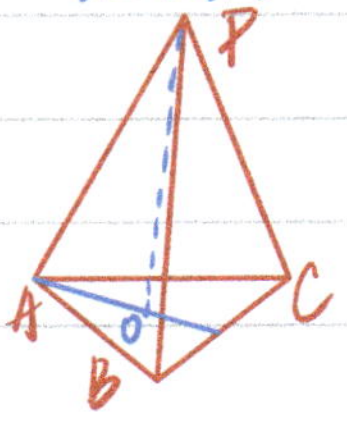

证明：∵ $PA\perp PB$，$PA\perp PC$，$PB\cap PC=P$ ⇒ $PA\perp$面PBC ⇒ $PA\perp BC$，$PO\perp BC$，$PA\cap PO=P$ ⇒ $BC\perp$面PAO ⇒ $BC\perp AO$

同理证：$AB\perp CO$　$AC\perp BO$

∴ O为△ABC的重心.

eg. 在三棱锥P-ABC中，AB=BC=CA=AP=3，PB=4，PC=5，则三棱锥的体积是＿＿$\sqrt{11}$＿＿

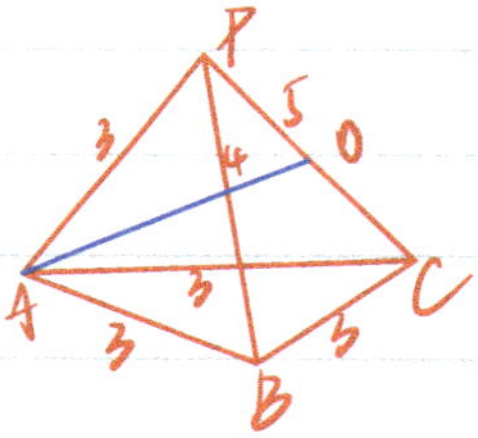

∵ AP=AB=AC=3

∴ A在底面PBC的投影为△PBC的外心

∵ △PBC为Rt△　∴ 外心为斜边PC中点O

∴ $V_{A-PBC}=\frac{1}{3}\times S_{PBC}\times AO=\frac{1}{3}\times\frac{1}{2}\times3\times4\times AO$

$=2AO=2\sqrt{9-(\frac{5}{2})^2}=2\sqrt{9-\frac{25}{4}}=\frac{2\sqrt{11}}{2}=\sqrt{11}$

正方体中体对角线的相关结论

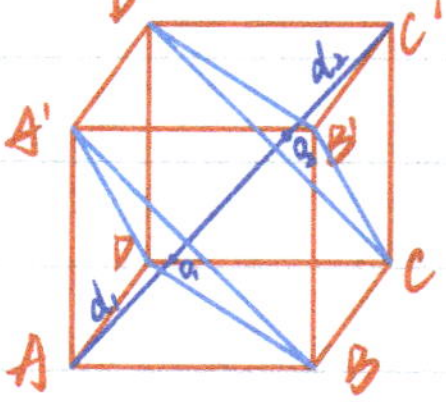

如图所示：正方体的体对角线与$\triangle B_1D_1C$(等边)与$\triangle A_1BD$(等边)垂直，并且三等分

假设：正方体棱长为1，则体对角线AC_1为$\sqrt{3}$

则A到面A_1DB的距离为$\frac{\sqrt{3}}{3}$

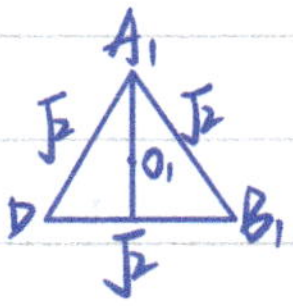

C₁到面D_1B_1C的距离为$\frac{\sqrt{3}}{3}$

证明：在三棱锥$A-A_1DB$与三棱锥$C_1-D_1B_1C$中

$AA_1=AD=AD$ ∴ A在面A_1DB的投影为$\triangle A_1DB$的外心O_1

$C_1D_1=C_1C=CB$ ∴ C_1在面D_1B_1C的投影为$\triangle D_1B_1C$的外心O_2

∴ $A_1O_1=\frac{2}{3}\times\sqrt{\sqrt{2}^2-(\frac{\sqrt{2}}{2})^2}$ ∴ $AO_1=\sqrt{AA_1^2-A_1O_1^2}$ 同理 $C_1O_2=d_2=\frac{\sqrt{3}}{3}$

$A_1O_1=\frac{2}{3}\times\frac{\sqrt{6}}{2}$ $AO_1=\sqrt{1-\frac{2}{3}}$ ∴ $O_1O_2=\sqrt{3}-\frac{\sqrt{3}}{3}-\frac{\sqrt{3}}{3}$

$A_1O_1=\frac{\sqrt{6}}{3}$ $AO_1=\frac{\sqrt{3}}{3}$ $=\frac{\sqrt{3}}{3}$

AC_1在面ABCD的投影为AC ∵ $AC\perp BD$ ∴ $AC_1\perp BD$ ⎫ ⇒ 三垂线

AC_1在面ADD_1A_1的投影为AD_1 ∵ $AD_1\perp A_1D$ ∴ $A_1D\perp AC_1$ ⎭ 定理

∴ $AC_1\perp$面A_1DB 同理 $AC_1\perp$面D_1BC

★★★★★（记住此结论非常重要）

eg. 如图所示正方体$ABCD-A_1B_1C_1D_1$的棱长为1，过点A作平面A_1BD的垂线，垂足为点H，则下列四个命题中正确的是 ABC

A. AH垂直面CB_1D_1

B. AH的延长线过点C_1

C. 点H是$\triangle A_1BD$的垂心（三角形三条高的交点）

D. 点H到平面$A_1B_1C_1D_1$的距离为$\frac{3}{4}$

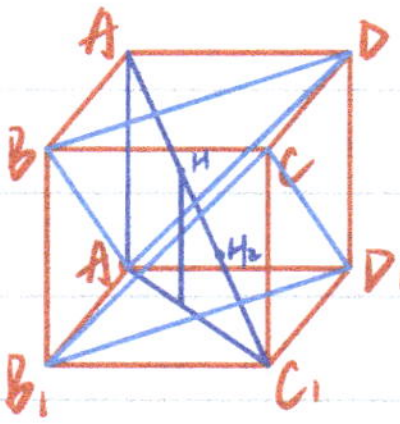

A. AH⊥面CB_1D_1(结论) 正确
B. AH与AC_1重合(结论) 正确
C. H是$\triangle A_1BD$的垂心(结论) 正确
D. H到面$A_1B_1C_1D_1$的距离为$\frac{3}{4}$ 错误

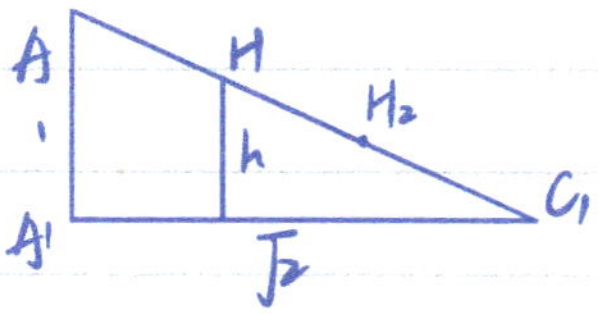

$\frac{1}{h}=\frac{3}{2}$ $\therefore h=\frac{2}{3}$

立体几何截面问题：

思路：将平面放大(截面的边长不能在柱体内部，要与各个面相交)

放大平面的方法：{①通过构造平行线 ②将直线延长

1、正方体$ABCD-A_1B_1C_1D_1$中，P、Q、R分别是AB、AD、B_1C_1的中点，那么正方体的过P、Q、R的截面图形是(D)

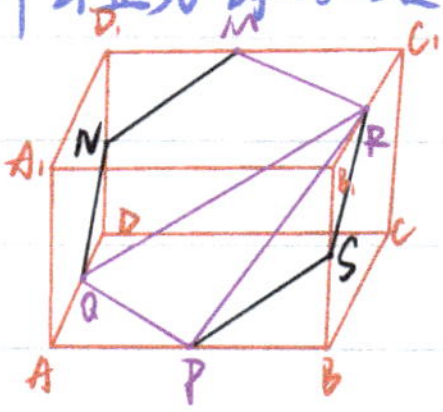

A、三角形 B、四边形

C、五边形 D、六边形

2、在棱长为4的正方体$ABCD-A_1B_1C_1D_1$中，E、F分别是BC和C_1D_1的中点，经点A、E、F的平面把正方体$ABCD-A_1B_1C_1D_1$截成两部分，则截面与正方形BCC_1B_1的交线段长为 $\frac{10}{3}$.

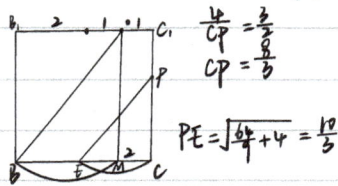

PE

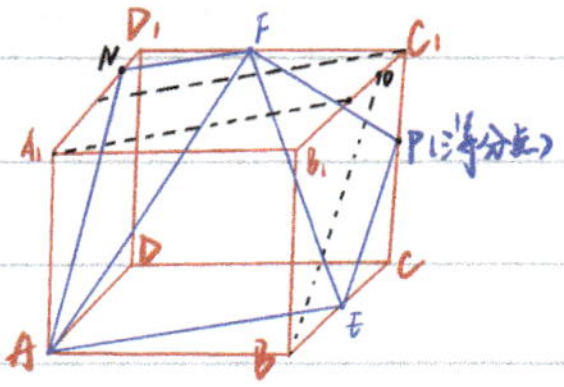

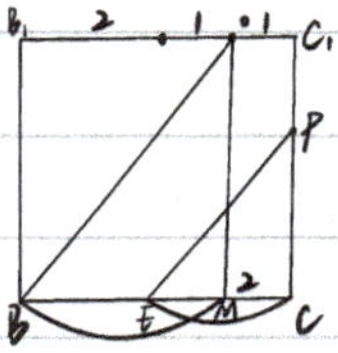

$\frac{4}{CP}=\frac{3}{2}$

$CP=\frac{8}{3}$

$PE=\sqrt{\frac{64}{9}+4}=\frac{10}{3}$

立体几何轨迹问题

思路：立体几何轨迹一般为直线，半圆，圆，球体等

1、在棱长为4的正方体$ABCD-A_1B_1C_1D_1$中，点E、F、G分别在棱B_1C_1，CC_1，D_1C_1的中点，P是底面ABCD上的一点，若A_1P∥面GEF，则点P的轨迹长度为 $\sqrt{2}$.

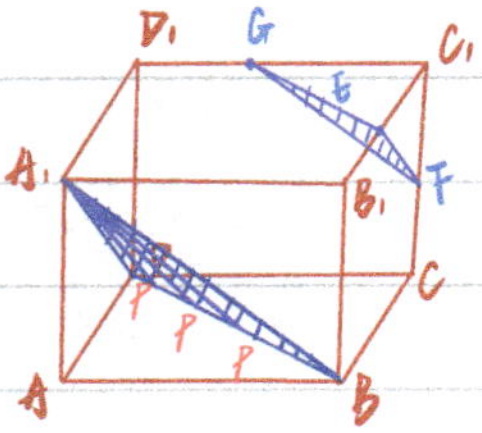

面∥面 ⇒ A_1P∥面GEF

∴P的轨迹为线段BD

2. 正四棱锥 $S-ABCD$ 底面边长为 2 高为 1，E 是边 BC 的中点，动点 P 在四棱锥表面上运动，并且总保持 $\overrightarrow{PE}\cdot\overrightarrow{AC}=0$，则动点 P 的轨迹的周长为 $\underline{\sqrt{2}+\sqrt{6}}$.

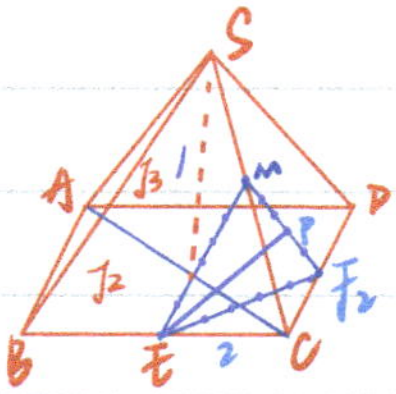

$PE\perp AC$

⇑

线⊥面

$SO\perp AC$
$BD\perp AC$
$SO\cap BD=O$
$\Rightarrow AC\perp$ 面 SBD

面 $MEF\parallel$ 面 SBD

$\therefore AC\perp$ 面 MEF　P 在 $\triangle MEF$ 的棱上动

$ME+EF+MF=\frac{\sqrt{6}}{2}+\sqrt{2}+\frac{\sqrt{6}}{2}=\sqrt{2}+\sqrt{6}$

3. 如图已知正方体 $ABCD-A_1B_1C_1D_1$ 的棱长为 4，点 H 在棱 AA_1 上，且 $HA_1=1$，点 E、F 分别为棱 B_1C_1、C_1C 的中点，点 P 是侧面 BB_1C_1C 内一动点，且满足 $PE\perp PF$，则当点 P 运动时，$|HP|^2$ 的最小值是 $\underline{27-6\sqrt{2}}$.

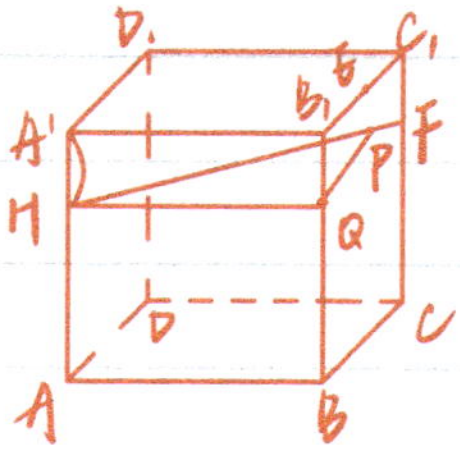

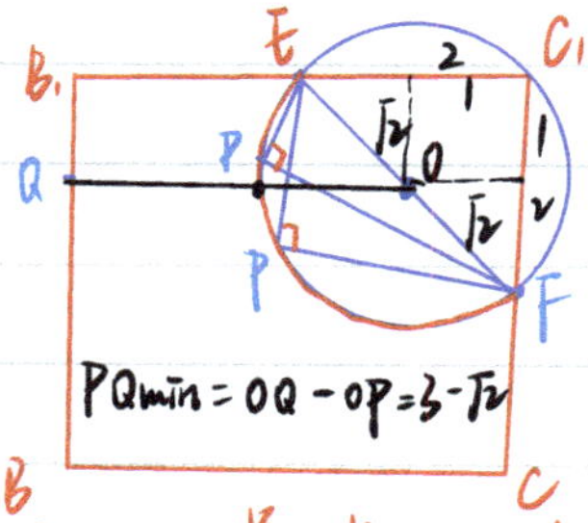

Q 为 BB_1 四等分点，$QB=\frac{1}{4}BB_1$

P 轨迹为半圆

$HP^2_{min}=HQ^2+PQ^2_{min}$
$=16+(3-\sqrt{2})^2$
$=16+9-6\sqrt{2}+2$
$=27-6\sqrt{2}$

4.（2023届贵阳二模）已知正方体 $ABCD-A_1B_1C_1D_1$ 的棱长均为4，点P在该正方体表面上运动，且 $PA=4\sqrt{2}$，则点P的轨迹长度为 6π

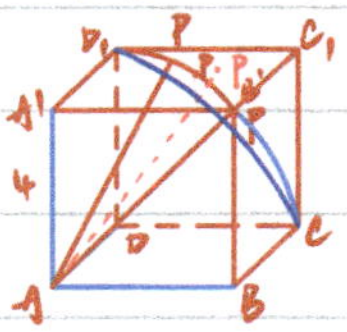

$AA_1^2+A_1P^2=AP^2$

$16+A_1P^2=32$

$A_1P^2=16$

$A_1P=4$

$AB^2+BP^2=AP^2$

$BP^2=16$

$BP=4$

$\widehat{B_1C}=2\pi$

$AD^2+DP^2=AP^2$

$DP^2=16$

$DP=4$

$\widehat{D_1C}=2\pi$

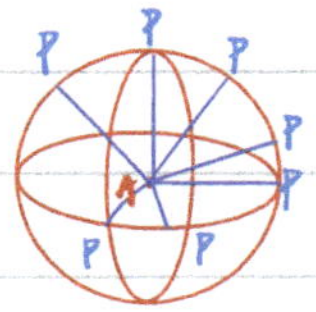

P的轨迹为以A为圆心、4为半径

$\widehat{B_1D_1}=\alpha\cdot r=\frac{\pi}{2}\times 4=2\pi$

5.（2020新高考1卷）已知直棱柱 $ABCD-A_1B_1C_1D_1$ 的棱长均为2，$\angle BAD=60^\circ$，以 D_1 为球心，$\sqrt{5}$ 为半径的球面与侧面 BCC_1B_1 的交线长为 $\frac{\sqrt{2}\pi}{2}$.

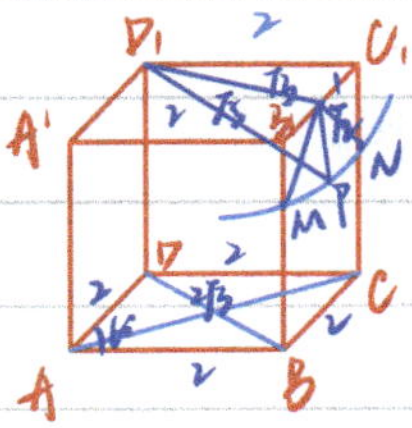

$\widehat{MN}$

$D_1E\perp B_1C_1$，$D_1E\perp CC_1$ $\Rightarrow$ $D_1E\perp$ 面 BCC_1B_1

$\Downarrow$

$D_1E\perp EP$

$D_1E^2+EP^2=PD_1^2$

$3+EP^2=5$

$EP=\sqrt{2}$

P是以E为圆心，$\sqrt{2}$ 为半径

$l=\alpha\cdot r=\frac{\pi}{2}\times\sqrt{2}=\frac{\sqrt{2}}{2}\pi$

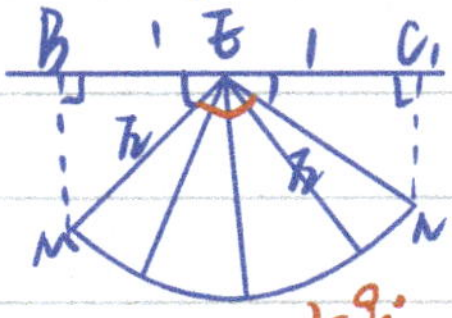

$\alpha=90^\circ$

$EM\perp EN$

求空间异面直线之夹角

法① 将异面直线平移到共面，用余弦定理

法② 建立空间坐标系 AB CD $\cos\langle\overrightarrow{AB}\cdot\overrightarrow{CD}\rangle=\left|\dfrac{\overrightarrow{AB}\cdot\overrightarrow{CD}}{|\overrightarrow{AB}|\cdot|\overrightarrow{CD}|}\right|$

法③ 空间余弦定理：$\cos\langle\overrightarrow{AB}\cdot\overrightarrow{CD}\rangle=\dfrac{|AC^2+BD^2-AD^2-BC^2|}{2|AB|\cdot|CD|}$

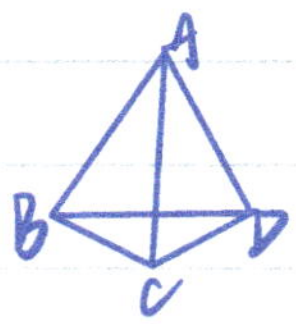

证明：$\overrightarrow{AB}\cdot\overrightarrow{CD}=\overrightarrow{AB}\cdot(\overrightarrow{AD}-\overrightarrow{AC})$

$\overrightarrow{AB}\cdot\overrightarrow{CD}=\overrightarrow{AB}\cdot\overrightarrow{AD}-\overrightarrow{AB}\cdot\overrightarrow{AC}$

$\overrightarrow{AB}\cdot\overrightarrow{CD}=|\overrightarrow{AB}|\cdot|\overrightarrow{AD}|\times\dfrac{AB^2+AD^2-BD^2}{2AB\cdot AD}-|\overrightarrow{AB}|\cdot|\overrightarrow{AC}|\times\dfrac{AB^2+AC^2-BC^2}{2AB\cdot AC}$

$\overrightarrow{AB}\cdot\overrightarrow{CD}=\dfrac{AB^2+AD^2-BD^2-AB^2-AC^2+BC^2}{2}$

$\overrightarrow{AB}\cdot\overrightarrow{CD}=\dfrac{AD^2+BC^2-BD^2-AC^2}{2}=|\overrightarrow{AB}|\cdot|\overrightarrow{CD}|\cdot\cos\theta$

$\therefore \cos\theta=\dfrac{|AD^2+BC^2-BD^2-AC^2|}{2|\overrightarrow{AB}|\cdot|\overrightarrow{CD}|}$

法④ 三余弦定理

eg：已知四棱锥 S-ABCD 的侧棱长与底面边长都相等，E 是 SB 的中点，则 AE、SD 所成角的余弦值为（C）

A. $\frac{1}{3}$　　B. $\frac{\sqrt{2}}{3}$　　C. $\frac{\sqrt{3}}{3}$　　D. $\frac{2}{3}$

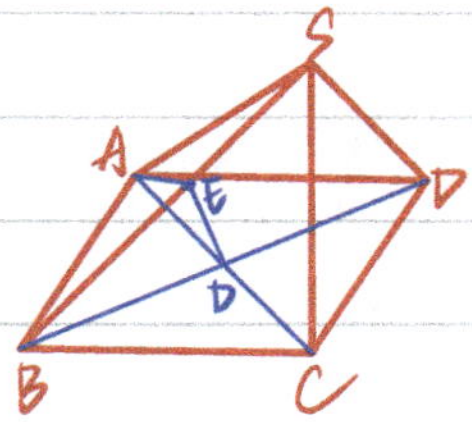

设所有棱长为2

法1：平移法　将SD平移到EO处，则在△AEO中

$$\cos\langle AEO\rangle=\frac{AE^2+OE^2-AO^2}{2AE\cdot OE}=\frac{3+1-2}{2\times\sqrt{3}\times 1}=\frac{1}{\sqrt{3}}=\frac{\sqrt{3}}{3}$$

法2：空间余弦定理：

$$\cos\langle \vec{AE}\cdot\vec{SD}\rangle=\frac{AS^2+ED^2-AD^2-ES^2}{2|AE|\cdot|SD|}=\frac{4+5-4-1}{2\times\sqrt{3}\times 2}=\frac{1}{\sqrt{3}}=\frac{\sqrt{3}}{3}$$

$$DE=\sqrt{DS^2+SE^2}=\sqrt{4+1}=\sqrt{5}$$

参数方程与极坐标方程

直线的参数方程：直线过定点 (x_0, y_0) 倾斜角为 α，则

参数方程 $\begin{cases} x = x_0 + t\cos\alpha \\ y = y_0 + t\sin\alpha \end{cases}$ （t 为参）

直接消参分为 4 类 ⟨1⟩ 加减消参
⟨2⟩ 代入消参
⟨3⟩ 平方消参 （2020 Ⅱ）
⟨4⟩ 相乘消参 （2017 Ⅲ）

圆的标准方程：$(x-a)^2+(y-b)^2=r^2$ （a, b）为圆心，r 为半径

$\begin{cases} x = a + r\cos\theta \\ y = b + r\sin\theta \end{cases}$ （θ 为参数方程）

消参要注意范围（☆☆☆☆☆）

eg：（2022 年全国甲卷）在直角坐标 xoy 中，曲线 C_1 的参数方程为 $\begin{cases} x = \frac{2+t}{6} \\ y = \sqrt{t} \end{cases}$ （t 为参数）

曲线 C_2 的参数方程为 $\begin{cases} x = -\frac{2+s}{6} \\ y = -\sqrt{s} \end{cases}$ （s 为参数）

<1> 写出 C_1 的普通方程

$C_1: y=\sqrt{t}$　$y\geq 0$　$y^2=t$　$x=\frac{2+y^2}{6}$　$y^2+2=6x$

$y^2=6x-2\ (y\geq 0)$

极坐标方程

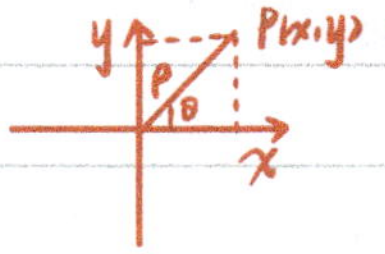

极坐标 (ρ,θ)　"ρ"为极径，"θ"为极角

$x^2+y^2=\rho^2$　$x=\rho\cos\theta$　$y=\rho\sin\theta$

"|t|" 的几何意义：

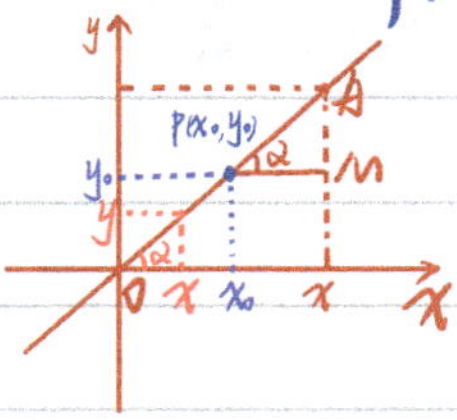

$$\begin{cases} x=x_0+t\cos\alpha \\ y=y_0+t\sin\alpha \end{cases}$$

$\frac{x-x_0}{t}=\cos\alpha$　$\frac{邻边}{斜边}=\cos\alpha$

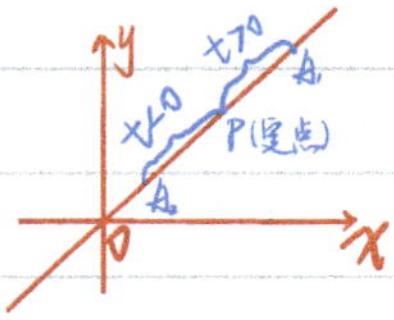

在 $Rt\triangle APM$ 中　$\cos\alpha=\frac{x-x_0}{|AP|}=\frac{x-x_0}{|t|}$

∴ $|t|$ 代表直线上任意一点到定点的距离

当 A 在 P 点的上方时，$t>0$

当 A 在 P 点的下方时，$t<0$

高中"|t|"的几何意义的考查

<1> $|EA|+|EB|$ E为直线上的定点，A,B为直线与曲线的交点.

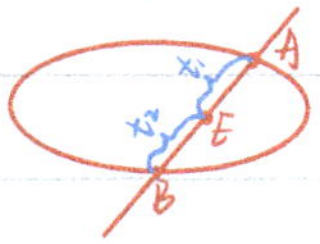

当E在曲线内部时 ($t_1>0,\ t_2<0$)

$|EA|+|EB|=|t_1|+|t_2|=|t_1-t_2|=\sqrt{(t_1-t_2)^2}$

$=\sqrt{(t_1+t_2)^2-4t_1t_2}$ 韦达即可

<2> $|EA|+|EB|$ E为直线上的定点，A,B为直线与曲线的交点

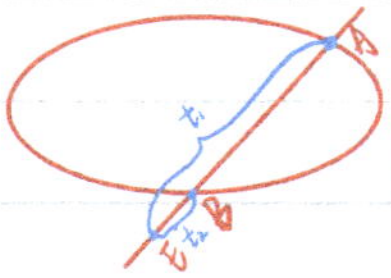

当E在曲线外部时 ($t_1>0,\ t_2>0$ 或 $t_1<0,\ t_2<0$)

$|EA|+|EB|=|t_1|+|t_2|=|t_1+t_2|$ 韦达即可

<3> $|EA|\cdot|EB|$ E为直线上的定点，A,B为直线与曲线的交点

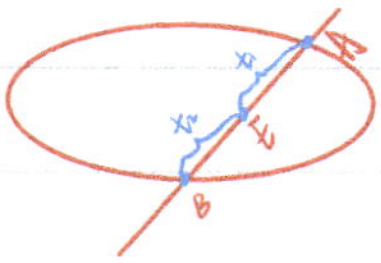

(不需要考虑E在曲线内部或外部)

$|EA|\cdot|EB|=|t_1|\cdot|t_2|=|t_1\cdot t_2|$ 韦达即可

<4> $\frac{1}{|EA|}+\frac{1}{|EB|}$ E为直线上的定点，A、B为直线与曲线的交点

E在曲线内部

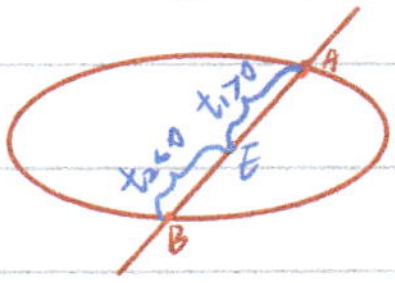

$$\frac{1}{|EA|}+\frac{1}{|EB|}=\frac{1}{|t_1|}+\frac{1}{|t_2|}=\frac{|t_1-t_2|}{|t_1\cdot t_2|}=\frac{\sqrt{(t_1+t_2)^2-4t_1t_2}}{|t_1t_2|}$$

韦达即可

<5> $\frac{1}{|EA|}+\frac{1}{|EB|}$ E为直线上的定点，A、B为直线与曲线的交点

E在曲线外部 ($t_1>0$，$t_2>0$ 或 $t_1<0$，$t_2<0$)

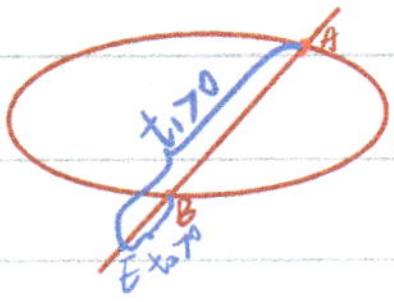

$$\frac{1}{|EA|}+\frac{1}{|EB|}=\frac{1}{|t_1|}+\frac{1}{|t_2|}=\frac{|t_1+t_2|}{|t_1t_2|}$$ 韦达即可

<6> 求弦长公式

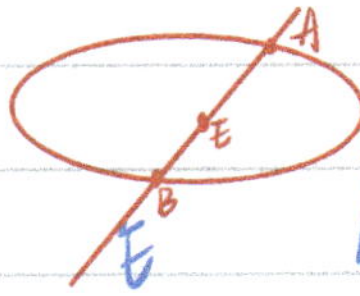

E为直线上的定点，A、B为直线与曲线的交点

$|AB|=|AE+BE|=|t_1|+|t_2|=|t_1-t_2|=\sqrt{(t_1+t_2)^2-4t_1t_2}$

$|AB|=|AE|-|BE|=|t_1-t_2|=\sqrt{(t_1+t_2)^2-4t_1t_2}$

韦达即可

∴求弦长无论E在曲线外部还是内部

弦长即为 $\sqrt{(t_1+t_2)^2-4t_1t_2}$

直线相关的知识与结论

<1> 斜率与倾斜角的关系

$\begin{cases} k=\tan\theta & \theta\in[0,\frac{\pi}{2})\cup(\frac{\pi}{2},\pi) \\ k\text{不存在} & \theta=90^\circ \end{cases}$

<2> 直线方程的五种形式

i：一般式 $Ax+By+C=0$ 斜率 $k=-\frac{A}{B}$

ii：点斜式 $y-y_0=k(x-x_0)$ (x_0,y_0)为定点、k为斜率

iii：斜截式 $y=kx+b$ k为斜率、b为截距

iv：两点式 $\frac{y-y_1}{y_2-y_1}=\frac{x-x_1}{x_2-x_1}$ $(x_1,y_1),(x_2,y_2)$为直线上两点

v：截距式 $\frac{x}{a}+\frac{y}{b}=1$ $(a\neq0,b\neq0)$

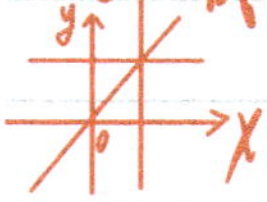

不可以表示过原点、平行于x轴、平行于y轴的方程
这三类均无法使用截距式

<3> 直线的平行与垂直

平行：i：一般式 $l_1: A_1x+B_1y+C_1=0$ $l_2: A_2x+B_2y+C_2=0$

$l_1\parallel l_2$: $A_1B_2=B_1A_2$ 且 $A_1C_2\neq C_1A_2$ 或 $A_1B_2=B_1A_2$ 且 $B_1C_2\neq C_1B_2$

这两个条件确保l_1不会与l_2重合

$A_1B_2=B_1A_2$ 且 $A_1C_2\neq C_1A_2$ 或 $A_1B_2=B_1A_2$ 且 $B_1C_2\neq C_1B_2 \Rightarrow l_1 // l_2$

反例

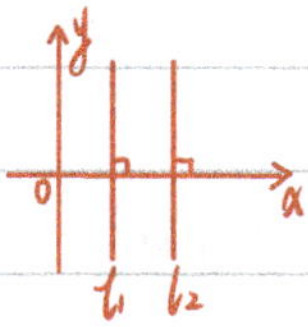

记：斜截式：$l_1: y=k_1x+b_1$　$l_2: y=k_2x+b_2$

(既然用斜截式表示，说明斜率一定存在)

$k_1=k_2$ 且 $b_1\neq b_2 \overset{充要}{\Longleftrightarrow}$ 平行

垂直

记：一般式 $l_1: A_1x+B_1y+C_1=0$　$l_2: A_2x+B_2y+C_2=0$

$l_1\perp l_2$ 则 $A_1A_2+B_1B_2=0$ (一般式)

巧设：已知 $l_1: 2x+3y+4=0$，$l_2\perp l_1$ 时，则设 $l_2: 3x-2y+C=0$

代入 l_2 上的一个点求 C 即可。

记：斜截式：$l_1: y=k_1x+b_1$　$l_2: y=k_2x+b_2$

$l_1\perp l_2$ 则 $k_1\cdot k_2=-1$

⟨4⟩ 对称点问题

通法:

① AB中点在直线 l 上

② 直线AB与直线 l 垂直，斜率相乘为 -1

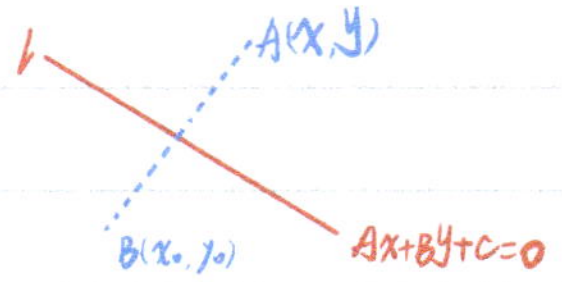

$$\Rightarrow \begin{cases} \dfrac{x+x_0}{2} \times A + \dfrac{y+y_0}{2} \times B + C = 0 \\ \dfrac{y-y_0}{x-x_0} \times (-\dfrac{A}{B}) = -1 \end{cases} \quad 联立求解 (x_0, y_0)$$

技巧: 对称因子

$$\Rightarrow \begin{cases} x = x_0 - 2A \cdot \boxed{\dfrac{Ax_0 + By_0 + C}{A^2 + B^2}} \\ y = y_0 - 2B \cdot \boxed{\dfrac{Ax_0 + By_0 + C}{A^2 + B^2}} \end{cases} \quad 对称因子$$

特殊的对称: 当斜率 $k = \pm 1$ 时（可用反带法求点）

例:

$A(1, 7)$

$y = x + 2$

$B(x_0, y_0)$

$y_0 = 1 + 2 = 3 \qquad \therefore B(5, 3)$

$x_0 = 7 - 2 = 5 \quad$ 此方法只针对 $k = \pm 1$

⟨5⟩ 直线求过定点问题

$l_1 : A_1 x + B_1 y + C_1 = 0$

$l_2 : A_2 x + B_2 y + C_2 = 0$

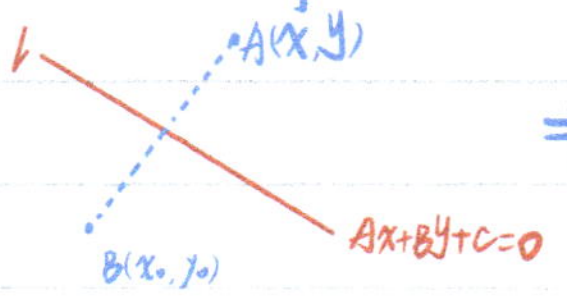

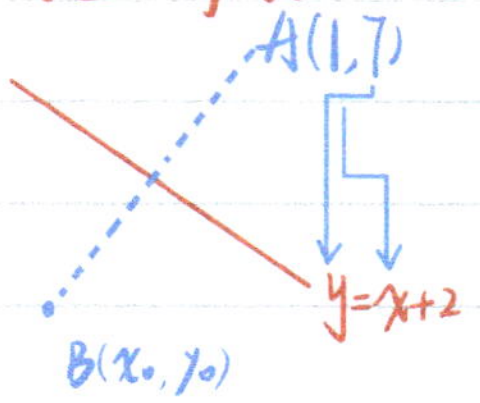

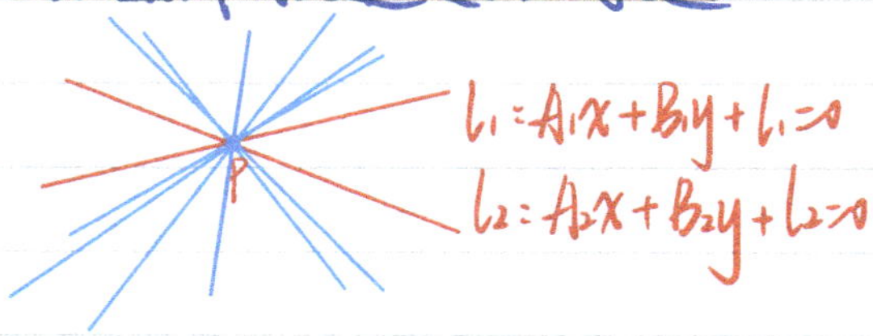

所有蓝色的线具备共同的特征，恒过交点 $P(x_0,y_0)$ 表达式为 $\lambda(A_1x+B_1y+C_1)+\mu(A_2x+B_2y+C_2)=0$

例：$(m+2)x-(2m-1)y-(3m-4)=0$ 恒过交点 $\underline{(-1,-2)}$

$mx+2x-2my+y-3m+4=0$ $\quad \begin{cases} x-2y-3=0 \\ 2x+y+4=0 \end{cases} \Rightarrow \begin{cases} x=-1 \\ y=-2 \end{cases}$

$m(x-2y-3)+2x+y+4=0$

<6> 线性规划

① 截距型：$z=ax+by$

$y=-\frac{a}{b}x+\frac{z}{b} \Rightarrow \begin{cases} b>0 \quad \frac{z}{b}>0 \Rightarrow \begin{cases} max & \text{即平移到最高点} \\ min & \text{即平移到最低点} \end{cases} \\ b<0 \quad \frac{z}{b}<0 \Rightarrow \begin{cases} max & \text{即平移到最低点} \\ min & \text{即平移到最高点} \end{cases} \end{cases}$

② 斜率型

$z=\frac{y}{x}$ 代表 (x,y) 与 $(0,0)$ 的斜率

$z=\frac{y-2}{x-1}$ 代表 (x,y) 与 $(1,2)$ 的斜率

$z=\frac{3x+2y-5}{x-1}=\frac{3(x-1)+2(y-1)}{x-1}=3+2\cdot\frac{y-1}{x-1}$

代表 (x,y) 与 $(1,1)$ 的斜率2倍再加3

③距离型：$z=x^2+y^2$ 代表 (x,y) 与 $(0,0)$ 的距离平方

$z=(x-1)^2+(y+2)^2$ 代表 (x,y) 与 $(1,-2)$ 的距离平方

④含参的情况：$z=ax+y$ 需画图寻找交点，然后旋转对比斜率后上下平移寻找最值。

圆的结论

<1> 圆的标准方程

圆的标准方程：$(x-a)^2+(y-b)^2=r^2$

圆心 (a,b) 半径为 r

圆的一般方程：$x^2+y^2+Dx+Ey+F=0$ $(D^2+E^2-4F>0)$

圆心 $\left(-\frac{D}{2},-\frac{E}{2}\right)$ $r=\frac{\sqrt{D^2+E^2-4F}}{2}$

<2> 直线与圆的位置以及最值

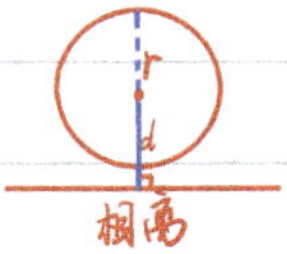

max=d+r

min=d-r

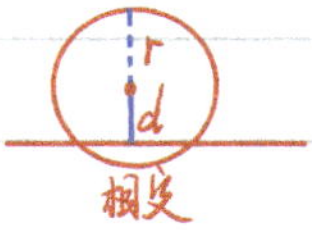

max=d+r

<3> 弦长公式

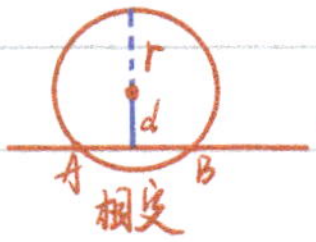

$|AB|=2\sqrt{r^2-d^2}$

<4> 圆的切线方程

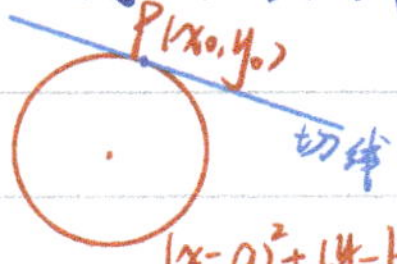

口诀："替换一半留一半"

$(x-a)(x_0-a)+(y-b)(y_0-b)=r^2$

<5>圆的切点弦

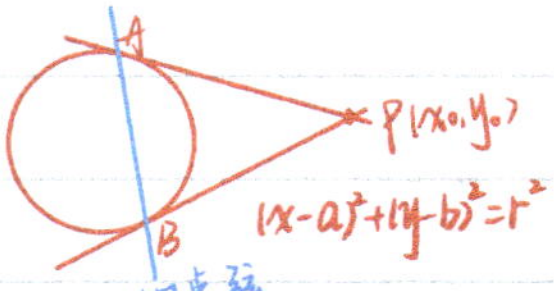

口诀：替换一半留一半

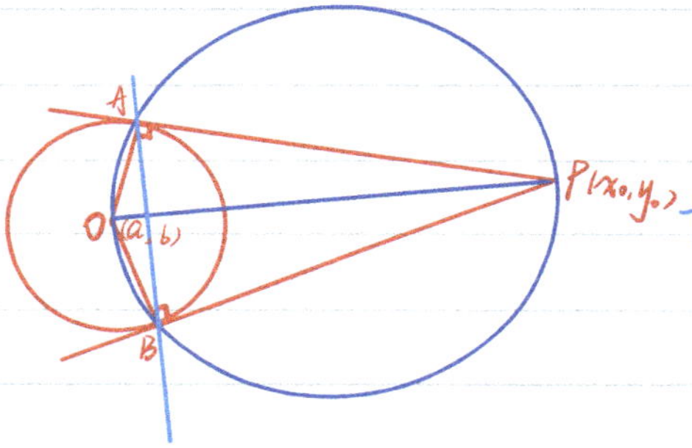

切点弦方程证明如下：

PA、PB为切线，可得PAOB四点共圆，PO为圆的直径。

圆方程为 $(x-\frac{x_0+a}{2})^2+(y-\frac{y_0+b}{2})^2=\frac{(x_0-a)^2+(y_0+b)^2}{4}$

圆作差即为弦AB的方程

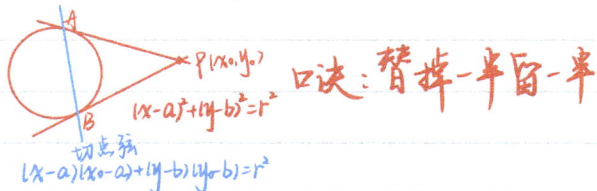

两 $(x-a)^2+(y-b)^2-[(x-\frac{x_0+a}{2})^2+(y_0-\frac{y_0+b}{2})^2]=r^2-\frac{(x_0-a)^2+(y_0-b)^2}{4}$

化简即为 $(x-a)(x_0-a)+(y-b)(y_0-b)=r^2$

<6>圆的中点弦

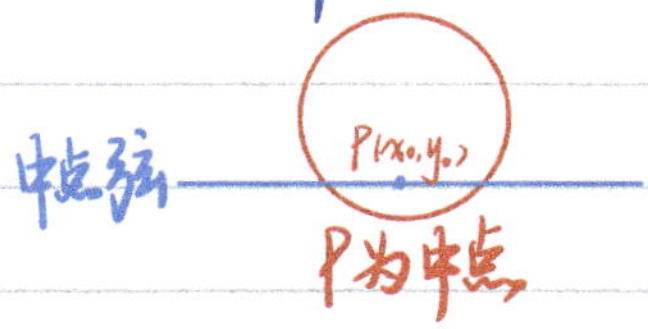

$$(x-a)^2+(y-b)^2=r^2$$

$$(x-a)(x_0-a)+(y-b)(y_0-b)=(x_0-a)^2+(y_0-b)^2$$

<7>圆中过一点的最长弦与最短弦

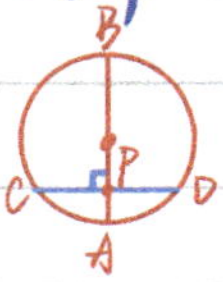

过点P最长弦为直径|AB|

过点P最短弦为CD、CD⊥AB

<8>切线长

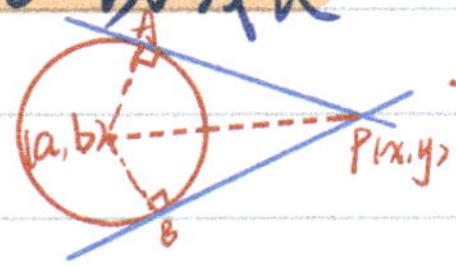

切线长为$|PA|=|PB|=\sqrt{PO^2-r^2}$

$=\sqrt{(x-a)^2+(y-b)^2-r^2}$

<9>两圆的公共弦方程

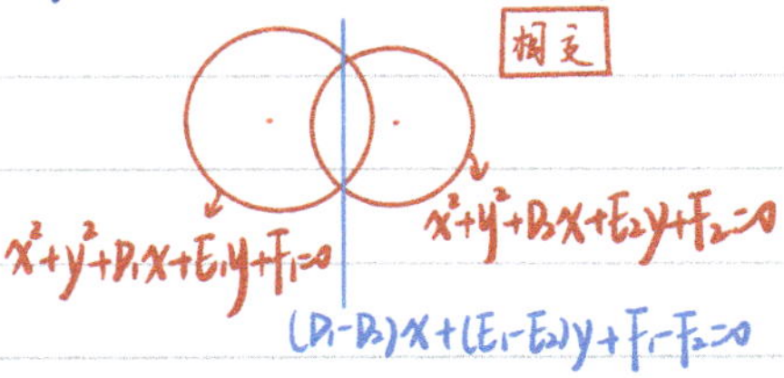

两圆作差即可

$$(D_1-D_2)x+(E_1-E_2)y+F_1-F_2=0$$

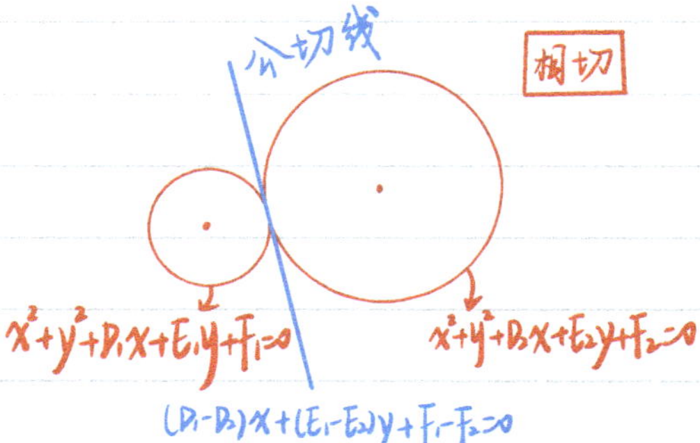

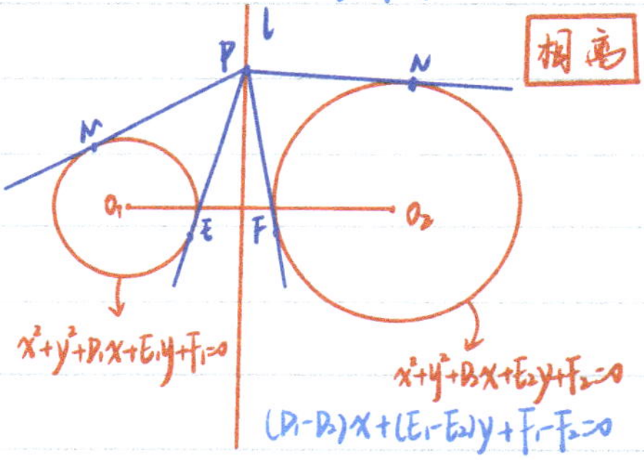

① 如果两圆相离，两圆作差得到之直线 l 为 O_1O_2 之垂线
② 且垂足距两圆心之距离为圆之半径之比.
③ 直线 l 上任一点到两圆之切线长相等. PM=PN. PE=PF
这根直线叫两圆之根轴.
当两圆半径相等时，两圆关于根轴对称.

〈10〉圆与圆之位置关系

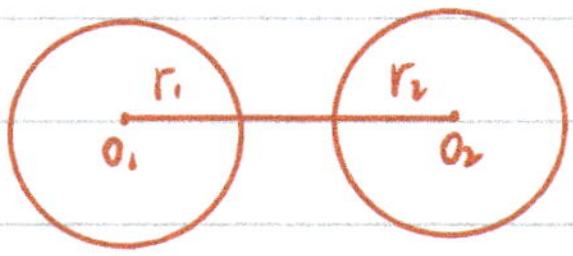

$O_1O_2 > r_1+r_2$

外离

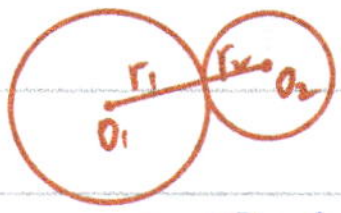

$O_1O_2 = r_1+r_2$

外切

两个圆有交点 { 相交、内切、外切

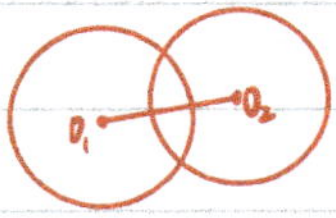

相交

$|r_1-r_2| < O_1O_2 < r_1+r_2$

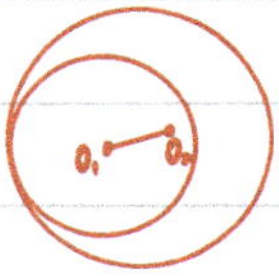

内切

$O_1O_2 = |r_1-r_2|$

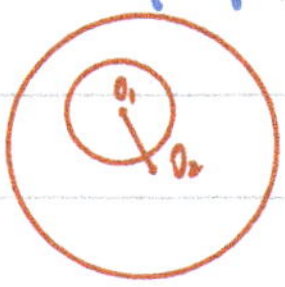

内含

$|O_1O_2| < |r_1-r_2|$

〈11〉带根号之y与x关系（半圆）

① $y=\sqrt{1-x^2}$

$y^2=1-x^2$

$x^2+y^2=1\ (y\geq 0)$

以 $(0,0)$ 为圆心，1为半径之半圆

② $y=\sqrt{1-x^2}-1$

$y+1=\sqrt{1-x^2}$

$(y+1)^2=1-x^2$

$x^2+(y+1)^2=1\ (y\geq -1)$

以 $(0,-1)$ 为圆心，1为半径之半圆

<12> 构造韦达的操作

例1：过点 $P(0,-2)$ 的直线与圆 $C:(x-5)^2+(y-1)^2=4$ 相交于 A、B 两点，则 $5\overrightarrow{PA}=3\overrightarrow{PB}$，求直线方程 ________

设 $A(x_1,y_1)$ $B(x_2,y_2)$ $\overrightarrow{PA}=(x_1,y_1+2)$ $\overrightarrow{PB}=(x_2,y_2+2)$

$5\overrightarrow{PA}=3\overrightarrow{PB}$ $\therefore 5x_1=3x_2$ $AB: y=kx-2$ $\begin{cases} y=kx-2 \\ (x-5)^2+(y-1)^2=4 \end{cases}$

$x^2-10x+25+(kx-3)^2-4=0$

$(1+k^2)x^2-(10+6k)x+30=0$

$\therefore x_1+x_2=\dfrac{10+6k}{1+k^2}$ $x_1\cdot x_2=\dfrac{30}{1+k^2}$

$x_1+x_2=\frac{3}{5}x_2+x_2=\frac{8}{5}x_2$ $(x_1+x_2)^2=(\frac{8}{5}x_2)^2=\frac{64}{25}x_2^2$

$x_1\cdot x_2=\frac{3}{5}x_2^2$ $x_2^2=\dfrac{(x_1+x_2)^2}{\frac{64}{25}}=\dfrac{x_1x_2}{\frac{3}{5}}$

$\dfrac{\left(\frac{10+6k}{1+k^2}\right)^2}{\frac{64}{25}}=\dfrac{\frac{30}{1+k^2}}{\frac{3}{5}}$ $\therefore k=1$ 或 $k=\frac{7}{23}$

$\therefore y=x-2$ 或 $y=\frac{7}{23}x-2$ 构造韦达

经典例题赏析

1.过原点O作圆 $x^2+y^2-6x-8y+20=0$ 的两条切线，设切点分别是P、Q，则 $\vec{OP}\cdot\vec{OQ}=$ __12__ 线段PQ的长为 __4__

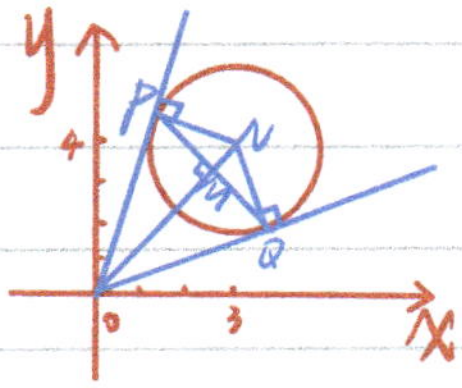

$(x-3)^2+(y-4)^2=5$ 圆心为 $N(3,4)$ $r=\sqrt{5}$

法1：$\vec{OP}\cdot\vec{OQ}=\vec{OM}^2-\vec{PM}^2$（极化恒等式）

$=OP^2-PM^2-PM^2$

$=ON^2-5-2PM^2$

$=25-5-2\times4=12$

$PM\cdot ON=PN\cdot OP$

$PM=\frac{PN\cdot OP}{ON}=\frac{\sqrt{5}\cdot\sqrt{20}}{5}$ $PM=2$

$PQ=2PM=4$

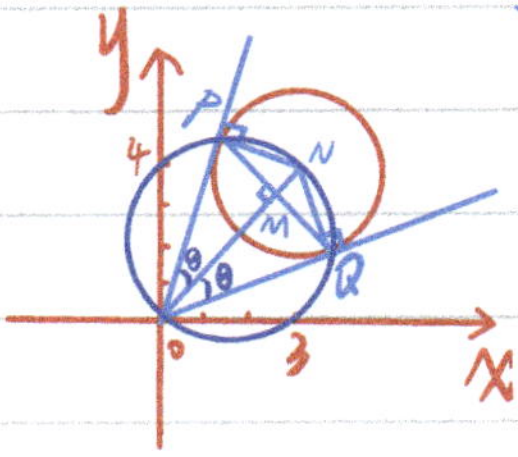

法2：O P N Q 四点共圆

$\because OP\perp PN$ $OQ\perp QN$

PQ在以ON为直径的圆上

$(x-\frac{3}{2})^2+(y-2)^2=(\frac{5}{2})^2$

$\vec{OP}\cdot\vec{OQ}=|\vec{OP}|\cdot|\vec{OQ}|\cdot\cos2\theta$ $\sin\theta=\frac{\sqrt{5}}{5}$

$=|\vec{OP}|^2(1-2\sin^2\theta)=(2\sqrt{5})^2\times(1-2\times\frac{1}{5})=12$

两圆作差求弦PQ方程

$$\begin{cases} x^2-3x+\frac{9}{4}+y^2-4y+4=\frac{25}{4} \\ x^2+y^2-6x-8y+20=0 \end{cases}$$

∴PQ方程为 $3x+4y-20=0$

d为N到PQ的距离

∴ $d=\frac{|9+16-20|}{5}=1$ $|PQ|=2\sqrt{5-1}=4$

2.(2020Ⅲ)已知⊙M: $x^2+y^2-2x-2y-2=0$,

且直线 $l: 2x+y+2=0$ P为l上的动点, 过点P作⊙M的切线PA、PB, 切点为A、B, 当 $|PA|\cdot|PB|_{min}$ 时直线AB方程为

A. $2x-y-1=0$ B. $2x+y-1=0$ C. $2x-y+1=0$ D. $2x+y+1=0$

解: $|PM|\cdot|AB|_{min} \Rightarrow \frac{1}{2}|PM||AB|_{min}=S_{\square PABM}$

$=2S_{\triangle PAM}=2\times\frac{1}{2}\times PA\times AM$

$=2PA_{min}$

$=2\sqrt{PM^2-4}$

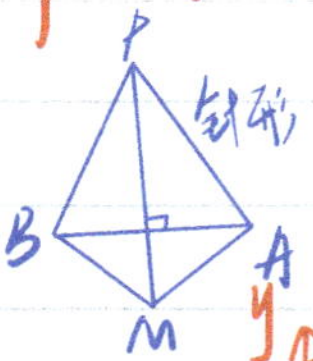

∴ PM_{min} 即可

当 $PM\perp l$ 时 即 PM_{min}

设 $PM: x-2y+C=0$ 将 $M(1,1)$ 代入

则 $C=1$ $PM: x-2y+1=0$

$$\begin{cases} 2x+y+2=0 \\ x-2y+1=0 \end{cases}$$ ∴ $P(-1,0)$

∴AB为切点弦 "替换一半留一半"

$(x-1)(-1-1)+(y-1)(0-1)=4$

$-2x+2-y+1-4=0$

$2x+y+1=0$

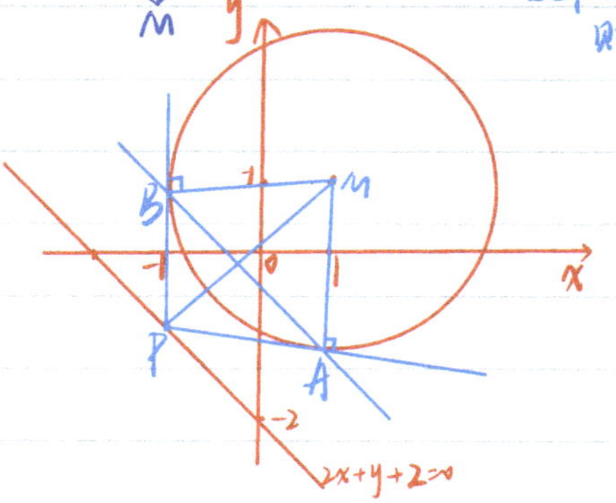

椭圆的相关结论

<1>轨迹问题：(经典案例分析)

例：设圆 $x^2+y^2+2x-15=0$ 的圆心为 A，直线 l 过 $B(1,0)$ 且与 x 轴不重合，l 交圆于 C、D 两点，过点 B 作 AC 的平行线交 AD 于点 E.

<1>证明 $|EA|+|EB|$ 为定值，并写出 E 的轨迹方程

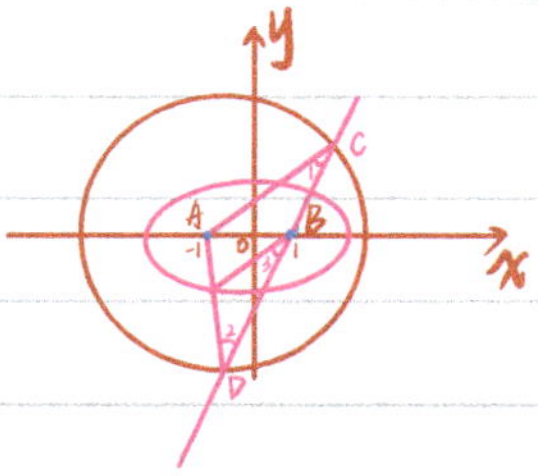

圆心 $A(-1,0)$　$r=4$　$\because \angle 1=\angle 2$　$\angle 1=\angle 3$

$\therefore \angle 2=\angle 3$　$\therefore EB=ED$

$|EA|+|EB|=|EA|+|ED|=|AD|=4$

$\because AB=2$　$4>2$

$\therefore$ 轨迹为椭圆 $2a=4$　$2c=2$　$a=2.\ c=1$

$\therefore \frac{x^2}{4}+\frac{y^2}{3}=1$　$(x\neq\pm 2)$

[由于 l 不与 x 轴重合 $\therefore x\neq\pm 2$]

例：已知圆 F_1：$(x+1)^2+y^2=16$，定点 $F_2(1,0)$，A 是圆 F_1 上的动点，线段 F_2A 的垂直平分线交半径 F_1A 于点 P，求 P 的轨迹.

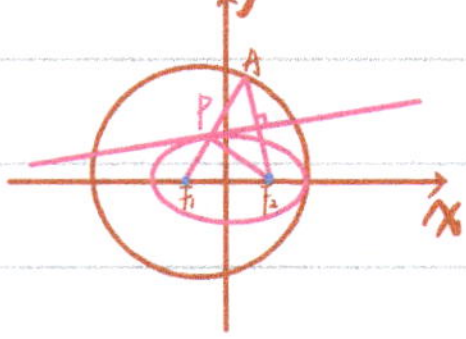

$PF_2=PA$　$PF_1+PF_2=PF_1+PA=AF_1=4$

$F_1F_2=2$　$\because 4>2$　$\therefore$ 轨迹为椭圆 $2a=4,\ 2c=2$

$\therefore a=2$　$c=1$　$\therefore \frac{x^2}{4}+\frac{y^2}{3}=1$

例：已知动圆P与圆F_1：$(x+2)^2+y^2=49$ 相切，且与圆C_1：$(x-2)^2+y^2=1$ 相内切，记圆心P的轨迹为曲线C.

<1> 求曲线C的方程

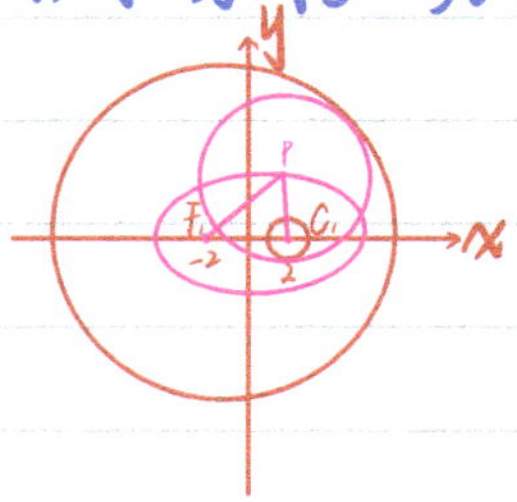

设以P为圆心的圆半径为r

$PF_1+PF_2=2a$　$F_1C_1=2c=4$

⇓　⇓

$7-r+r-1=6$　$c=2$　$2a=6$　$a=3$　$b=\sqrt{5}$

∴ $\frac{x^2}{9}+\frac{y^2}{5}=1$

<2> 椭圆焦点三角形的相关结论

<1>

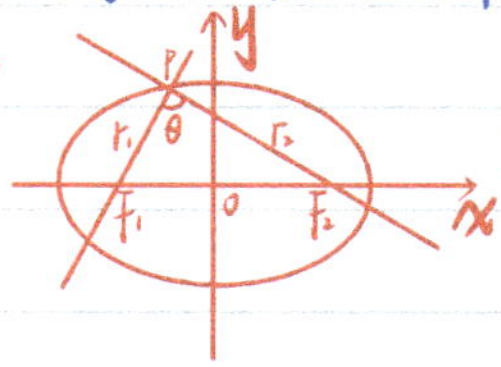

设 $PF_1=r_1$，$PF_2=r_2$　$r_1r_2=\frac{2b^2}{1+\cos\theta} \Rightarrow \cos\theta=\frac{2b^2}{r_1r_2}-1$　(椭圆)

$r_1r_2=\frac{2b^2}{1-\cos\theta} \Rightarrow \cos\theta=1-\frac{2b^2}{r_1r_2}$　(双曲线)

证：在△PF_1F_2中　$\cos\theta=\frac{r_1^2+r_2^2-(2c)^2}{2r_1r_2}$　$2r_1r_2\cos\theta=(r_1+r_2)^2-2r_1r_2-4c^2$

$2r_1r_2\cos\theta+2r_1r_2=4a^2-4c^2$

$r_1r_2(2+2\cos\theta)=4b^2$　$r_1r_2=\frac{2b^2}{1+\cos\theta}$

<2>

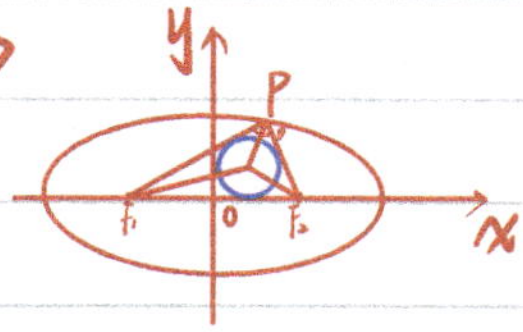

$S_{\triangle PF_1F_2}=\frac{1}{2}\times 2c\times y_P=c\cdot y_P$

$S_{\triangle PF_1F_2}=\frac{1}{2}r_1r_2\cdot\sin\theta$

$S_{\triangle PF_1F_2}=\frac{1}{2}\times\frac{2b^2}{1+\cos\theta}\times\sin\theta$

$S_{\triangle PF_1F_2}=b^2\cdot\frac{\sin\theta}{1+\cos\theta}$

$S_{\triangle PF_1F_2}=b^2\cdot\tan\frac{\theta}{2}$

$S_{\triangle PF_1F_2}=\frac{1}{2}\cdot PF_1\cdot r+\frac{1}{2}\cdot PF_2\cdot r+\frac{1}{2}F_1F_2\cdot r$

$=\frac{r}{2}(PF_1+PF_2+F_1F_2)$

$=\frac{r}{2}(2a+2c)$

$=(a+c)r$ （r为$\triangle PF_1F_2$的内切圆半径）

$\therefore S_{\triangle PF_1F_2}=c\cdot y_P=b^2\cdot\tan\frac{\theta}{2}=(a+c)r$

<3> 椭圆焦点三角形面积最大值

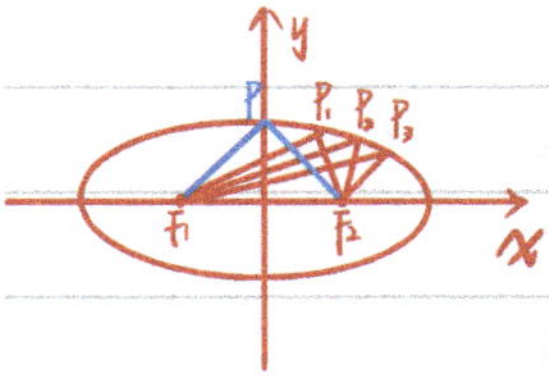

点P在椭圆上动.

点P动到上顶点时，△的高最大，则△面积最大

$S_{\triangle PF_1F_2}=\frac{1}{2}\times 2c\times b=bc$

<4>椭圆焦点三角形中的角平分线定理

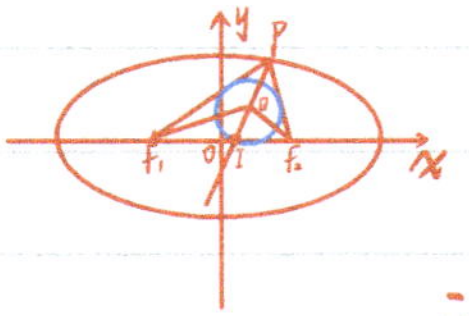

角平分线定理 $\frac{PF_1}{PF_2}=\frac{F_1I}{F_2I}$

设 $I(x_0,0)$ ∴ $F_1I=x_0+c$ $F_2I=c-x_0$

∴在 $\triangle PF_1I$ 中 $\frac{PF_1}{IF_1}=\frac{PQ}{IQ}$ 在 $\triangle PF_2I$ 中 $\frac{PF_2}{IF_2}=\frac{PQ}{IQ}$

∴ $\frac{PF_1}{IF_1}=\frac{PF_2}{IF_2}=\boxed{\frac{PQ}{IQ}}=\frac{PF_1+PF_2}{IF_1+IF_2}=\frac{2a}{2c}=\boxed{\frac{1}{e}}$

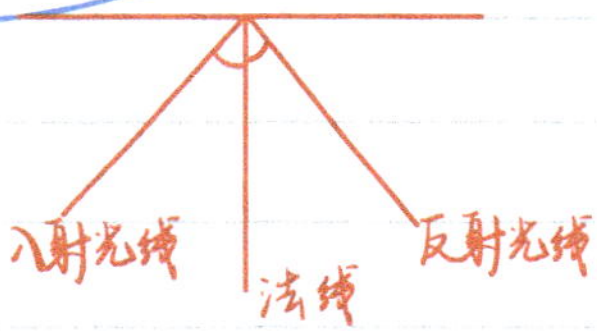

<5>椭圆的光学原理

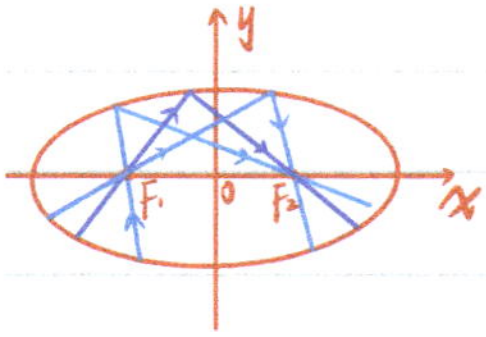

椭圆的光学原理：任意光线从一个焦点 F_1 发出，反射光线一定经过另一个焦点 F_2

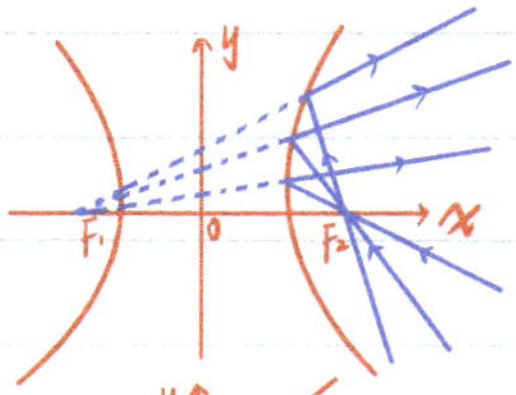

双曲线光学原理：任意光线从一个焦点 F_2 发出反射光线的反向延长线经过另一个焦点 F_1

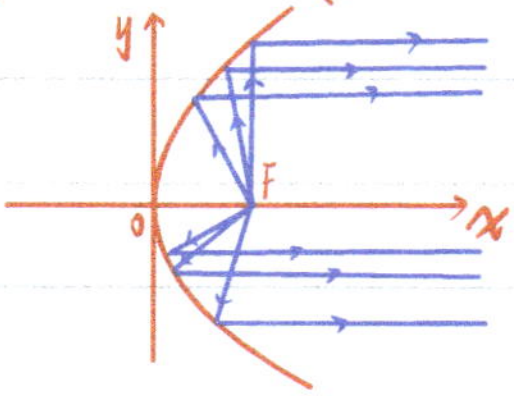

抛物线光学原理：任意光线从焦点出发，反射光线都平行于抛物线的轴.

(6) 椭圆的焦点三角形的中线定理

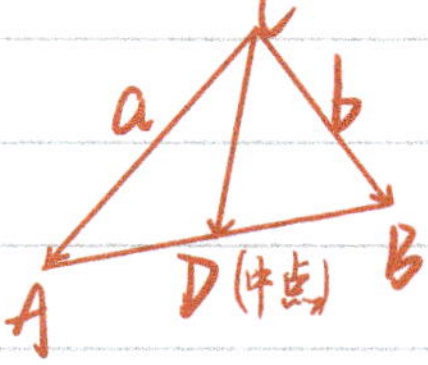

$\overrightarrow{CA}+\overrightarrow{CB}=2\overrightarrow{CD}$　　$(\overrightarrow{CA}+\overrightarrow{CB})^2=4\overrightarrow{CD}^2$

$\overrightarrow{CA}^2+2\overrightarrow{CA}\cdot\overrightarrow{CB}+\overrightarrow{CB}^2=4\overrightarrow{CD}^2$

$$\therefore CD^2=\frac{CB^2+2CA\cdot CB\cdot\cos C+CA^2}{4}=\frac{a^2+b^2+2ab\cdot\cos C}{4}$$

$$=\frac{a^2+b^2+2ab\cdot\frac{a^2+b^2-c^2}{2ab}}{4}=\frac{a^2+b^2+a^2+b^2-c^2}{4}$$

$$=\frac{2a^2+2b^2-c^2}{4}$$

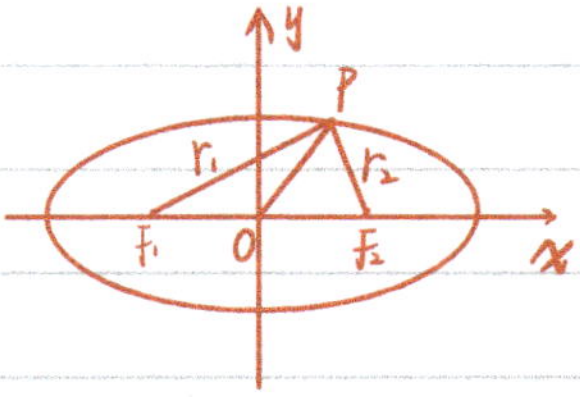

设 $PF_1=r_1$　$PF_2=r_2$

$$PO^2=\frac{2r_1^2+2r_2^2-(2c)^2}{4}=\frac{2(r_1^2+r_2^2)-4c^2}{4}$$

$$=\frac{2[(r_1+r_2)^2-2r_1r_2]-4c^2}{4}$$

$$PO^2=\frac{2\times(4a^2-2r_1r_2)-4c^2}{4}=2a^2-r_1r_2-c^2$$

$$=a^2+a^2-c^2-r_1r_2=a^2+b^2-r_1r_2$$

$PO^2=a^2+b^2-r_1r_2$ (椭)　口诀：先加后减

$PO^2=a^2-b^2+r_1r_2$ (双)　口诀：先减后加

<7> 椭圆中 $PF_1 \cdot PF_2$ 的范围 $[b^2, a^2]$

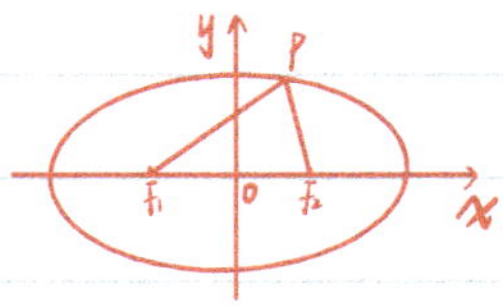

$PF_1 + PF_2 = 2a$ $\quad PF_1 + PF_2 \geq 2\sqrt{PF_1 \cdot PF_2}$ $\quad 2a \geq 2\sqrt{PF_1 \cdot PF_2}$

$a^2 \geq PF_1 \cdot PF_2$ 当且仅当 $PF_1 = PF_2$ 时 $PF_1 \cdot PF_{2\,max} = a^2$

$PF_1 \cdot PF_2 = \frac{2b^2}{1+\cos\theta}$ 当 $\cos\theta_{max} = 1$ 时，$PF_1 \cdot PF_{2\,min} = \frac{2b^2}{2} = b^2$

<8> 双曲线的切线长理论.

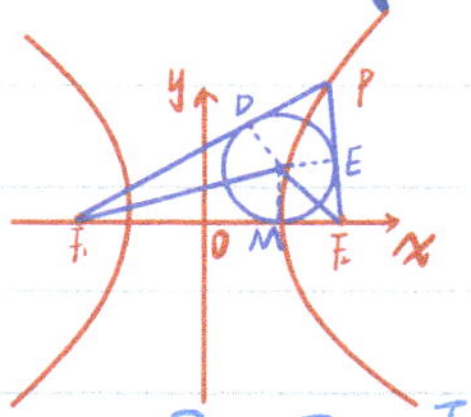

PA、PB 称为切线长

$PA = PB$

结论：双曲线内切圆圆心横坐标为 a

纵坐标为 $(-b, b)$ I 为内切圆圆心.

$PD = PE$，$F_1D = F_1M$，$F_2E = F_2M$ $\quad$ 设 $M(x_0, 0)$ $\quad PF_1 - PF_2 = 2a$

$PD = DF_1 - (PE + EF_2) = 2a$ $\quad$ ~~PD~~ $+ DF_1 -$ ~~PE~~ $- EF_2 = 2a$

$DF_1 - EF_2 = 2a$ $\quad F_1M - MF_2 = 2a$ $\quad c + x_0 - (c - x_0) = 2a$ $\quad \therefore x_0 = a$

圆锥曲线联立之必备技能

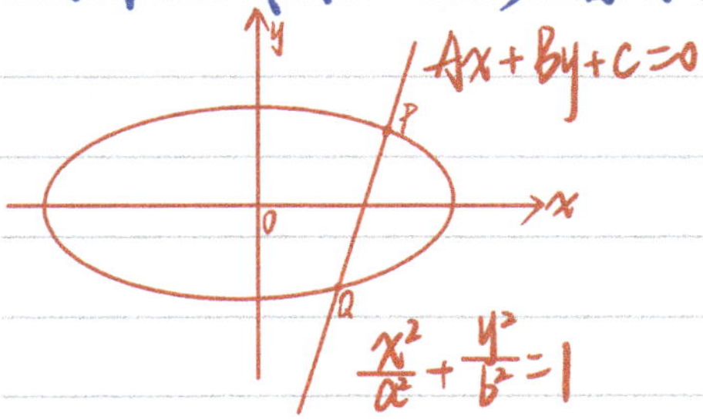

$$\begin{cases}\frac{x^2}{a^2}+\frac{y^2}{b^2}=1\\ Ax+By+C=0\end{cases}$$

设 $P(x_1,y_1)$ $Q(x_2,y_2)$ $\quad x_1+x_2=\frac{-2\text{剩余系数积}}{\text{方积和}}$

$$x_1 \cdot x_2=\frac{\text{剩母(常方-消方积)}}{\text{方积和}} \qquad x_1y_2+x_2y_1=\frac{2a^2b^2AB}{\text{方积和}}$$

$$(a^2A^2+b^2B^2)x^2+2a^2AC\cdot x+a^2(C^2-b^2B^2)=0$$

$$x_1+x_2=\frac{-2a^2\cdot A\cdot C}{a^2A^2+b^2B^2} \qquad x_1\cdot x_2=\frac{a^2(C^2-b^2B^2)}{a^2A^2+b^2B^2}$$

$$(a^2A^2+b^2B^2)y^2+2b^2BCy+b^2(C^2-a^2A^2)=0$$

$$y_1+y_2=\frac{-2b^2\cdot B\cdot C}{a^2A^2+b^2B^2} \qquad y_1\cdot y_2=\frac{b^2(C^2-a^2A^2)}{a^2A^2+b^2B}$$

关于x的一元二次方程的Δ
$\Delta = 4a^2b^2B^2(a^2A^2+b^2B^2-C^2)$
→消谁补谁系数方

关于y的一元二次方程的Δ
$\Delta = 4a^2b^2A^2(a^2A^2+b^2B^2-C^2)$
→消谁补谁系数方

弦长公式 $|PQ| = \sqrt{1+k^2} \cdot \frac{\sqrt{\Delta}}{a^2A^2+b^2B^2}$ $h = \frac{|C|}{\sqrt{1+k^2}}$

面积公式 $S_{\triangle POQ} = \frac{1}{2}|PQ| \times h = \frac{1}{2} \times \sqrt{1+k^2} \cdot \frac{\sqrt{\Delta}}{a^2A^2+b^2B^2}$
$= \frac{1}{2}|C| \cdot \frac{\sqrt{\Delta}}{a^2A^2+b^2B^2}$

圆锥曲线相关的二级结论

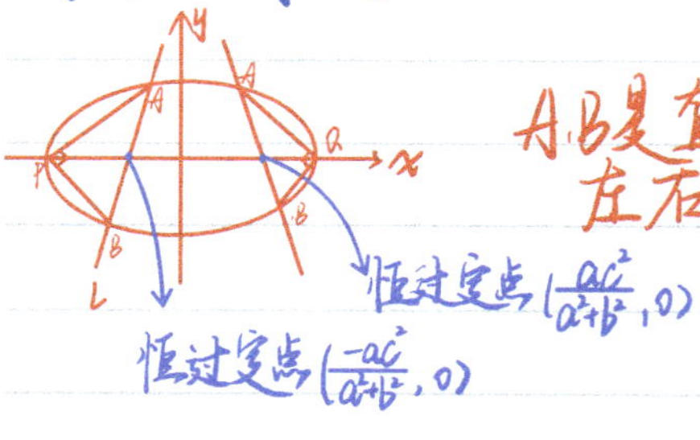

A、B是直线l与椭圆的交点，P、Q是椭圆的左右顶点，则AB恒过定点问题

考试
以AB为直径的圆过椭圆的左(右)顶点P，则
$K_{PA} \cdot K_{PB} = -1$

<2> 抛物线恒过定点问题

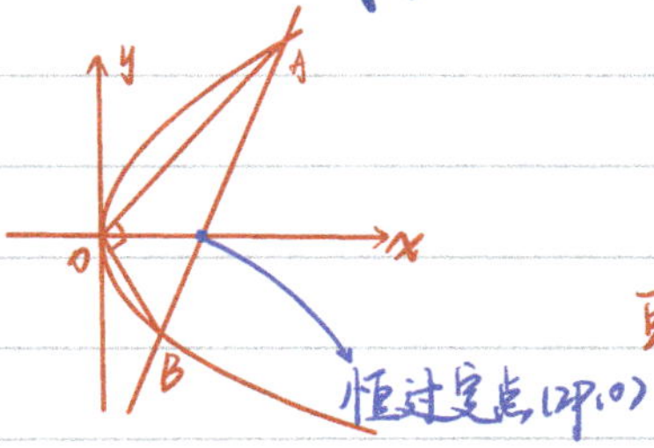

$k_{OA} \cdot k_{OB} = -1$

或以 AB 为直径的圆过坐标原点.

<3> 斜率之和为0

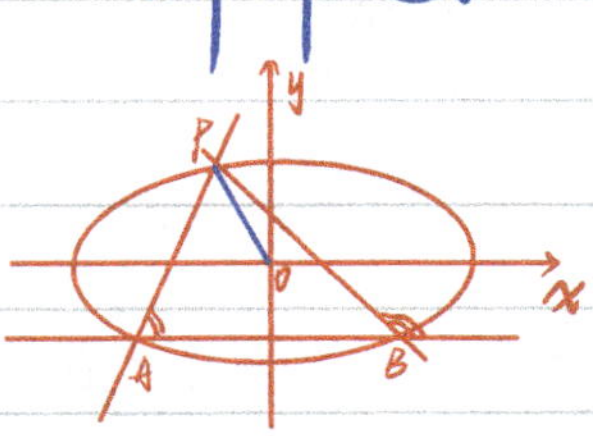

$k_{PA} + k_{PB} = 0$（考试会概括为角平分线考查）

（或倾斜角互补）

$\Downarrow$

$k_{OP} \cdot k_{AB} = \frac{b^2}{a^2}$（椭）

$k_{OP} \cdot k_{AB} = -\frac{b^2}{a^2}$（双）

$k_{OP} \cdot k_{AB} = -\frac{p}{x_0}$（抛，针对开口向右的）

〈4〉极点极线的模型

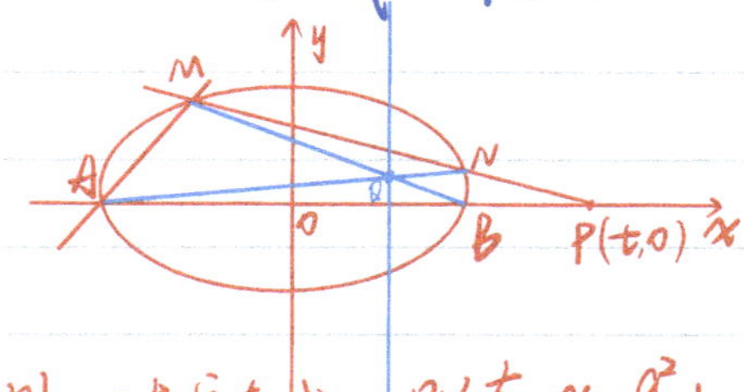

则Q必在定直线上 则必在 $x=\frac{a^2}{t}$ 上

〈5〉抛物线和椭圆的焦半径公式

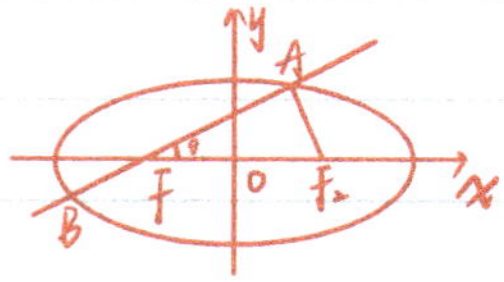

θ为直线的倾斜角，F是椭圆的焦点

$AF=\frac{\frac{b^2}{a}}{1-e\cos\theta}$（e为离心率，$\frac{b^2}{a}$为通径的一半）

$BF=\frac{\frac{b^2}{a}}{1+e\cos\theta}$（e为离心率，$\frac{b^2}{a}$为通径的一半）

$AB=AF+BF=\frac{\frac{2b^2}{a}}{1-e^2\cos^2\theta}$（e为离心率，$\frac{2b^2}{a}$为通径）

证明：在△AFF_1中，设$AF=x$，则$AF_1=2a-x$

$\cos\theta=\frac{AF^2+FF_1^2-AF_1^2}{2AF\cdot FF_1}$ $\cos\theta=\frac{x^2+(2c)^2-(2a-x)^2}{2\cdot x\cdot 2c}$

$4c\cdot x\cos\theta = x^2+4c^2-4a^2+4ax-x^2$

$(4c\cdot\cos\theta-4a)x=-4b^2$

$x=\dfrac{b^2}{a-c\cdot\cos\theta}$ 同除 a

$\therefore AF=\dfrac{\frac{b^2}{a}}{1-e\cos\theta}$　　BF 推导同理

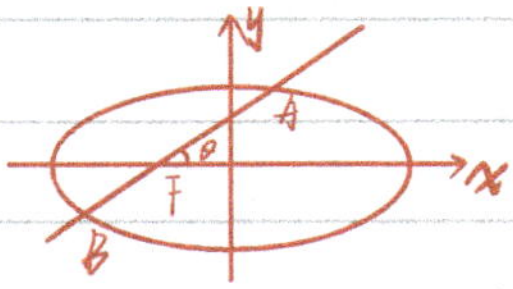

题干中出现 $AF=\lambda BF$ 或 $(\vec{AF}=\lambda\vec{FB})$

则 $e\cos\theta=\left|\dfrac{\lambda-1}{\lambda+1}\right|$　　$e=\sqrt{k^2+1}\cdot\left|\dfrac{\lambda-1}{\lambda+1}\right|$

证明：$AF=\dfrac{\frac{b^2}{a}}{1-e\cos\theta}$　　$BF=\dfrac{\frac{b^2}{a}}{1+e\cos\theta}$　　$\dfrac{\frac{b^2}{a}}{1-e\cos\theta}=\lambda\dfrac{\frac{b^2}{a}}{1+e\cos\theta}$

$\lambda(1-e\cos\theta)=1+e\cos\theta$　　$\lambda-\lambda e\cos\theta=1+e\cos\theta$

$(1+\lambda)e\cos\theta=\lambda-1$　　$e\cos\theta=\dfrac{\lambda-1}{\lambda+1}$

$\dfrac{\sin\theta}{\cos\theta}=\tan\theta=k$　　$\dfrac{\sin^2\theta}{\cos^2\theta}=k^2$　　$\dfrac{1-\cos^2\theta}{\cos^2\theta}=k^2$

$(k^2+1)\cos^2\theta=1$　　$\cos^2\theta=\dfrac{1}{k^2+1}$　　$\cos\theta=\dfrac{1}{\sqrt{k^2+1}}$　　$\sin\theta=\dfrac{k}{\sqrt{k^2+1}}$

<6> 抛物线同理

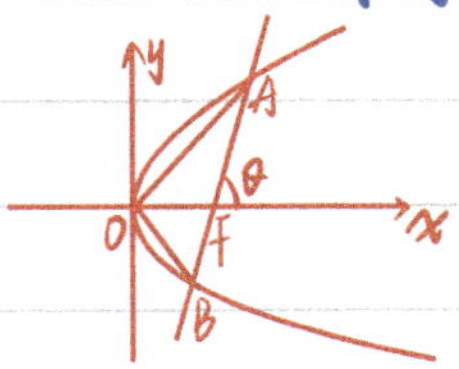

θ为AB的倾斜角，F为抛物线焦点

$AF=\dfrac{p}{1-\cos\theta}$（p为通径的一半）

$BF=\dfrac{p}{1+e\cos\theta}$（p为通径的一半）

$AB = AF + BF = \frac{p}{1-\cos\theta} + \frac{p}{1+\cos\theta} = \frac{2p}{\sin^2\theta}$ (2p为通径)

$\frac{1}{AF} + \frac{1}{BF} = \frac{2}{p}$　　$S_{\triangle AOB} = \frac{p^2}{2\sin\theta}$

<7>抛物线中的阿基米德三角形以及相关结论

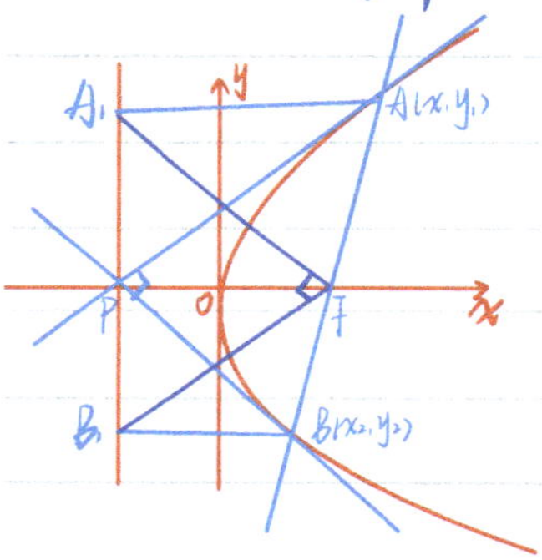

设 $A(x_1,y_1)$ $B(x_2,y_2)$

AB直线经过抛物线焦点 $F(\frac{p}{2},0)$

AP、BP分别是以A,B为切点的切线方程

∴△PAB即为阿基米德三角形

AP、BP相交于点P，P一定在准线上

① P的坐标为 $(-\frac{p}{2}, \frac{y_1+y_2}{2})$ ② $AP \perp BP$ ③ $AF \perp BF$ ④ $PF \perp AB$

<8>抛物线中的相切模型

① 以焦半径为直径的圆与y轴相切

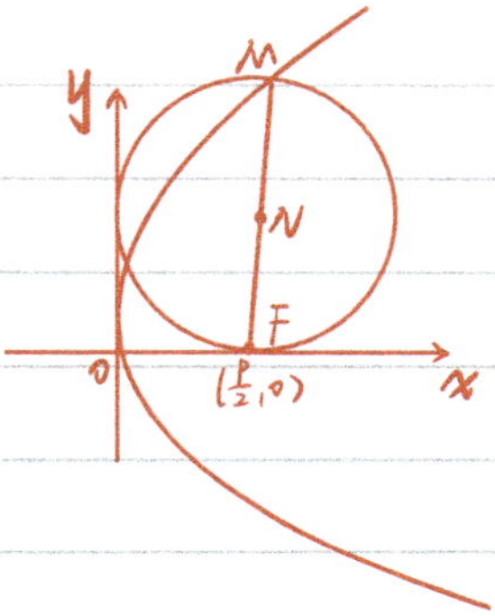

证：$MF = x_M + \frac{p}{2}$　MF为直径2r

$x_M = MF - \frac{p}{2}$　$F(\frac{p}{2},0)$

圆心N为MF的中点

$x_N = \frac{x_M + x_F}{2}$

$x_N = \frac{MF - \frac{p}{2} + \frac{p}{2}}{2}$　∴ $x_N = \frac{MF}{2} = \frac{2r}{2} = r$

∴相切于y轴

② 以焦点弦长为直径的圆与准线相切

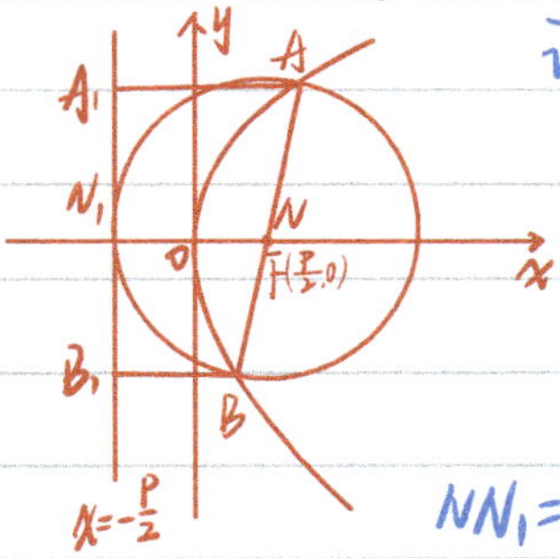

证：AB为焦点弦长（经过F）

AB即为圆的直径2r，N为圆心

$\frac{AA_1 + BB_1}{2} = NN_1$

$\frac{x_A + \frac{p}{2} + x_B + \frac{p}{2}}{2} = NN_1$

$NN_1 = \frac{x_A + x_B + p}{2} = \frac{x_A + x_B}{2} + \frac{p}{2} = x_N + \frac{p}{2}$

∴相切于准线

抛物线之相关结论与性质

1、抛物线之第一定义

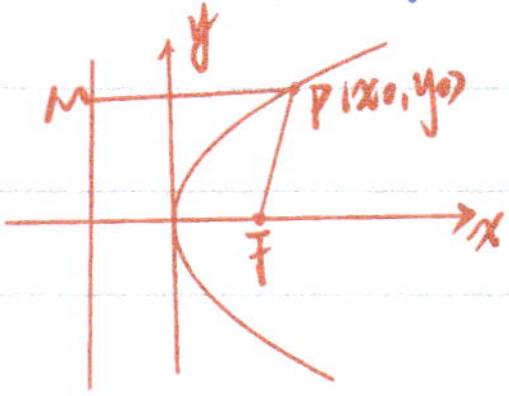

$PF = PM$ $\therefore PF = x + \frac{p}{2}$

P代表焦点到准线距离.

2P为通径

2、抛物线与直线联立(巧设)

联立：巧设：$\begin{cases} y^2 = 2px \\ x = ty + m \end{cases}$ (反设)

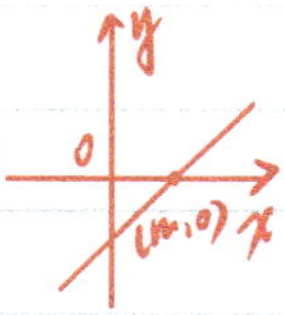

$\begin{cases} x^2 = 2py \\ y = kx + m \end{cases}$ (正设)

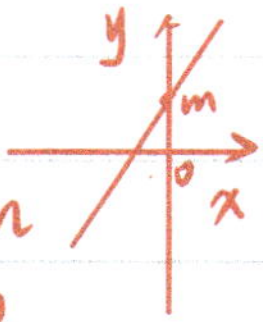

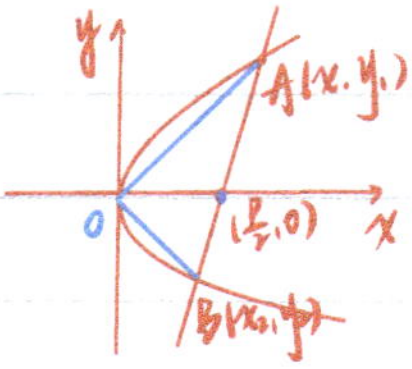

$x = ty + \frac{p}{2}$ $\begin{cases} y^2 = 2px \\ x = ty + \frac{p}{2} \end{cases}$ $y^2 = 2p(ty + \frac{p}{2})$

$y^2 - 2pty - p^2 = 0$

$y_1y_2 = -p^2$

$x_1x_2 = \frac{y_1^2}{2p} \cdot \frac{y_2^2}{2p} = \frac{(y_1y_2)^2}{4p^2} = \frac{p^4}{4p^2} = \boxed{\frac{p^2}{4}}$

$\overrightarrow{OA} \cdot \overrightarrow{OB} = x_1x_2 + y_1y_2 = \frac{p^2}{4} - p^2 < 0$ $\therefore \angle AOB$为钝角.

3. 直线与抛物线相交，交点 $x_1x_2=a^2$

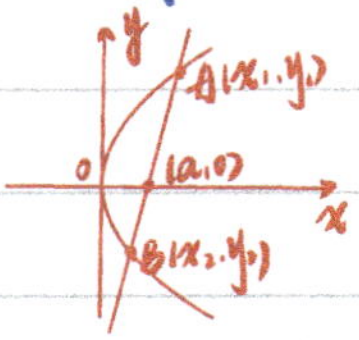

$\boxed{x_1x_2=a^2}$

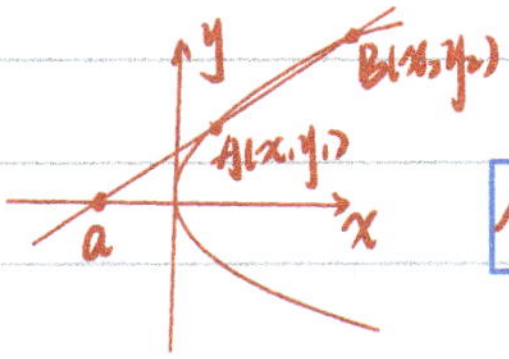

$\boxed{x_1x_2=a^2}$

证明：$\begin{cases} y^2=2px \\ y=k(x-a) \end{cases}$

$k^2(x-a)^2=2px$

$k^2x^2-2k^2ax+k^2a^2-2px=0$

$k^2x^2-(2k^2a+2p)x+k^2a^2=0$

$\therefore x_1x_2=\frac{k^2a^2}{k^2}=a^2$

4. x 轴为∠APB 之角平分线.

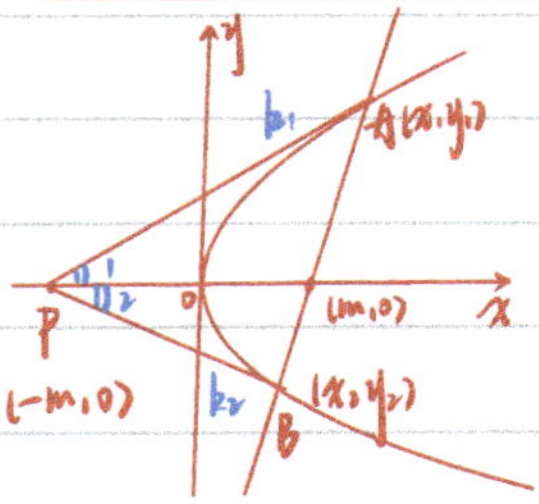

$\boxed{k_1+k_2=0}$

$x_1x_2=m^2=\frac{y_1^2}{2p}\cdot\frac{y_2^2}{2p}$

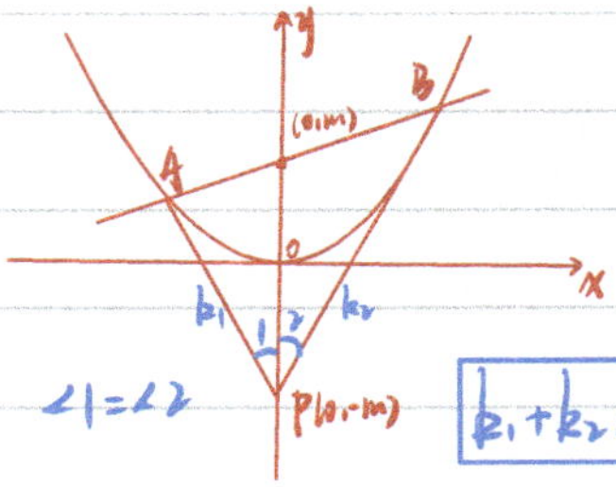

$\angle 1=\angle 2$

$\boxed{k_1+k_2=0}$

$\begin{cases} y^2=2px \\ x=ty+m \end{cases}$ $\quad y^2=2p(ty+m)$ $\quad y^2-2pty-2pm=0$ $\quad \begin{cases} y_1+y_2=2pt \\ y_1y_2=-2pm \end{cases}$

证明：$k_1=\frac{y_1}{x_1+m}$ $\quad k_2=\frac{y_2}{x_2+m}$

$k_1+k_2=\frac{y_1(x_2+m)+y_2(x_1+m)}{(x_1+m)(x_2+m)}=\frac{y_1x_2+y_2x_1+m(y_1+y_2)}{(x_1+m)(x_2+m)}$

$$= \frac{y_1\cdot\frac{y_2^2}{2p}+y_2\frac{y_1^2}{2p}+m(y_1+y_2)}{(x_1+m)(x_2+m)} = \frac{(\frac{y_1y_2}{2p}+m)(y_1+y_2)}{(x_1+m)(x_2+m)}$$

$$0 = \frac{0\cdot(2pt)}{(x_1+m)(x_2+m)} \qquad \therefore k_1+k_2=0$$

5. 焦半径公式

$e=1$

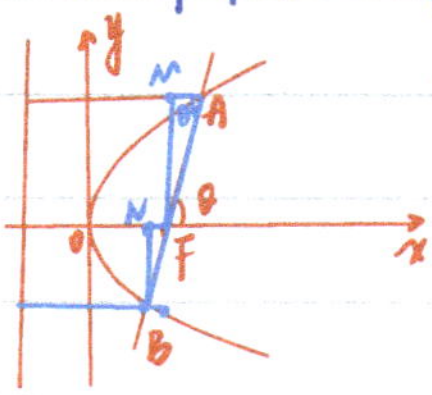

$$AF=\frac{p}{1-\cos\theta}$$
$$BF=\frac{p}{1+\cos\theta}$$
$$AB=\frac{2p}{\sin^2\theta}$$

$$AF=\frac{\frac{b^2}{a}}{1-e\cos\theta}$$
$$BF=\frac{\frac{b^2}{a}}{1+e\cos\theta}$$
$$AB=\frac{\frac{2b^2}{a}}{1-e^2\cos^2\theta}$$

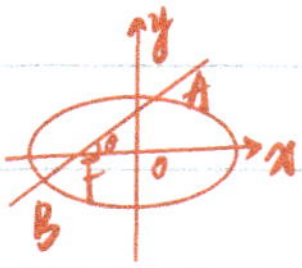

证明：

在 Rt△AMF $\cos\theta=\frac{AM}{AF}=\frac{AF-p}{AF}$ $\quad AF=\frac{p}{1-\cos\theta}$

在 Rt△BNF $\cos\theta=\frac{NF}{BF}=\frac{p-BF}{BF}$ $\quad BF=\frac{p}{1+\cos\theta}$

$$AB=AF+BF=\frac{p}{1-\cos\theta}+\frac{p}{1+\cos\theta}=\frac{2p}{\sin^2\theta}$$

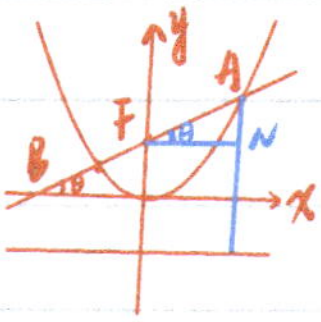

$$AF=\frac{p}{1-\sin\theta}$$
$$BF=\frac{p}{1+\sin\theta}$$
$$AB=\frac{2p}{\cos^2\theta}$$

证明：在 Rt△ANF

$$\sin\theta=\frac{AN}{AF}$$
$$\sin\theta=\frac{AF-p}{AF}$$
$$AF=\frac{p}{1-\sin\theta}$$

6. $S_{\triangle AOB}$的面积公式（AB过焦点）

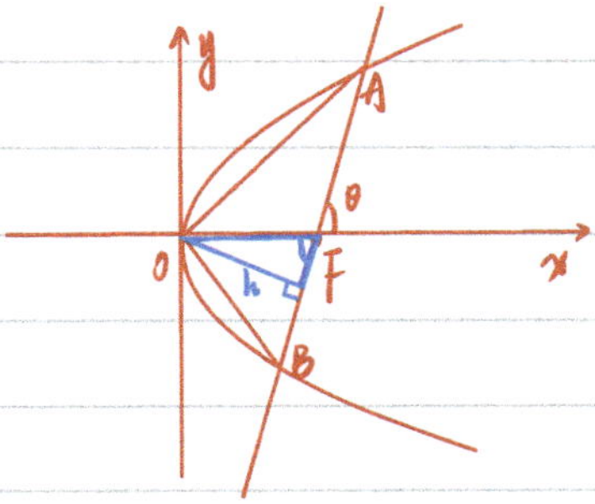

$S_{\triangle AOB}=\frac{1}{2}\times AB\times h=\frac{1}{2}\times\frac{2p}{\sin^2\theta}\times h$

$=\frac{p}{\sin^2\theta}\times\frac{p}{2}\cdot\sin\theta$

$=\frac{p^2}{2\sin\theta}$

在Rt△

$\sin\theta=\frac{h}{OF}$

$h=\frac{p}{2}\cdot\sin\theta$

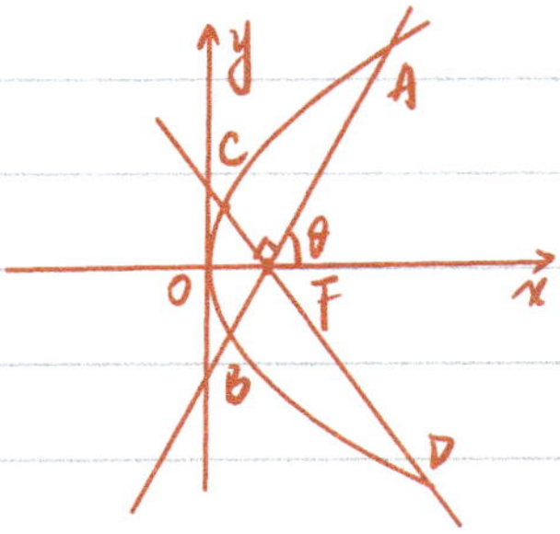

$AB=\frac{2p}{\sin^2\theta}$　　$CD=\frac{2p}{\sin^2(\theta+90^\circ)}=\frac{2p}{\cos^2\theta}$

$\frac{1}{AB}+\frac{1}{CD}=\frac{1}{2p}$　　$\frac{1}{AF}+\frac{1}{BF}=\frac{2}{p}$

圆锥曲线中点弦的结论（第二定义）

1）椭圆中点弦公式

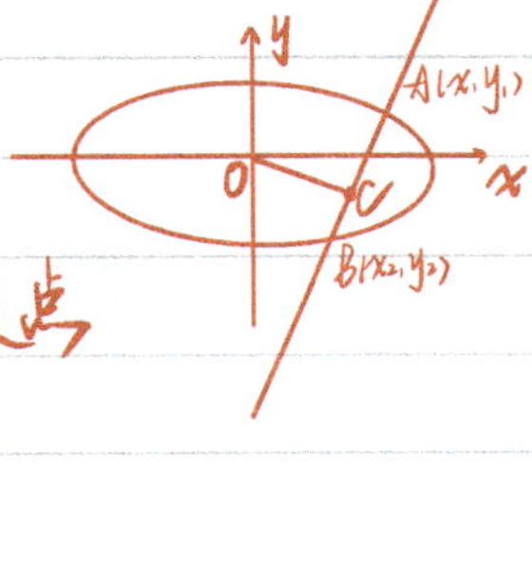

A、B是直线与曲线的交点

C为AB的中点

∴ $\boxed{k_{AB}\cdot k_{OC}=-\frac{b^2}{a^2}}$

证明：设 $A(x_1,y_1)$ $B(x_2,y_2)$ $C\left(\frac{x_1+x_2}{2},\frac{y_1+y_2}{2}\right)$

将 A、B 代入椭圆

$$\begin{cases}\frac{x_1^2}{a^2}+\frac{y_1^2}{b^2}=1 & ①\\ \frac{x_2^2}{a^2}+\frac{y_2^2}{b^2}=1 & ②\end{cases}$$

①－② $\frac{x_1^2-x_2^2}{a^2}+\frac{y_1^2-y_2^2}{b^2}=0$

$$\frac{b^2(x_1+x_2)(x_1-x_2)}{(x_1+x_2)(x_1-x_2)}+\frac{a^2(y_1-y_2)(y_1+y_2)}{(x_1-x_2)(x_1+x_2)}=0$$

∴ $b^2+a^2\cdot k_{AB}\cdot k_{OC}=0$

∴ $k_{AB}\cdot k_{OC}=-\frac{b^2}{a^2}$

(2) 双曲线的中点弦公式

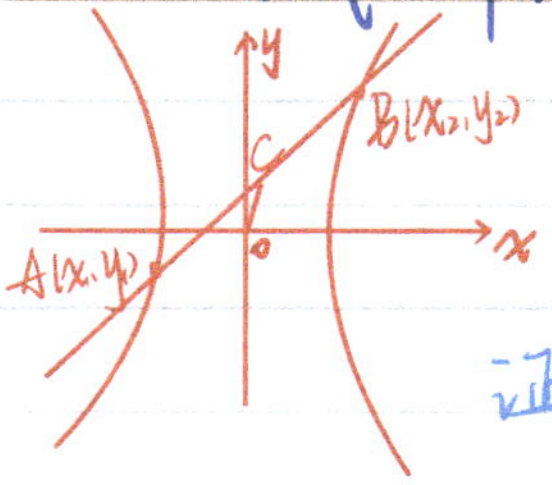

AB 是直线与曲线的交点

C 是 AB 的中点 ∴ $\boxed{k_{AB}\cdot k_{OC}=\frac{b^2}{a^2}}$

证明：设 $A(x_1,y_1)$ $B(x_2,y_2)$ $C\left(\frac{x_1+x_2}{2},\frac{y_1+y_2}{2}\right)$

将 A、B 代入双曲线中

$$\begin{cases}\frac{x_1^2}{a^2}-\frac{y_1^2}{b^2}=1 \text{ ①}\\ \frac{x_2^2}{a^2}-\frac{y_2^2}{b^2}=1 \text{ ②}\end{cases}$$

①−② $\frac{x_1^2-x_2^2}{a^2}-\frac{y_1^2-y_2^2}{b^2}=0$

$$\frac{b^2(x_1+x_2)(x_1-x_2)}{(x_1+x_2)(x_1-x_2)}-\frac{a^2(y_1-y_2)(y_1+y_2)}{(x_1-x_2)(x_1+x_2)}=0$$

$b^2-a^2\cdot k_{AB}\cdot k_{OC}=0$ $\therefore k_{AB}\cdot k_{OC}=\frac{b^2}{a^2}$

<3>

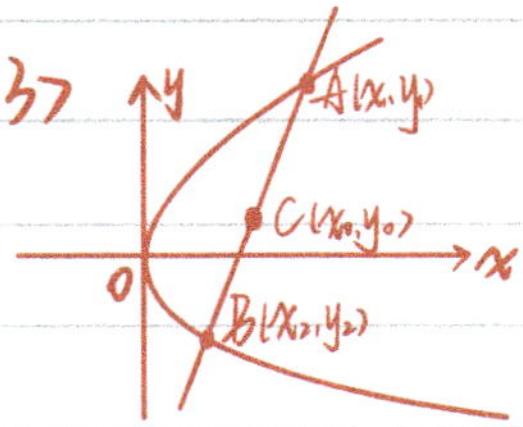

AB是曲线与直线的交点

C为AB的中点

$y_0\cdot k_{AB}=p$

证明：设 $A(x_1,y_1)$ $B(x_2,y_2)$ $C(x_0,y_0)$

将A、B代入双曲线中

$$\begin{cases}y_1^2=2px_1 \text{ ①}\\ y_2^2=2px_2 \text{ ②}\end{cases}$$

①−② $y_1^2-y_2^2=2p(x_1-x_2)$

$$\frac{(y_1+y_2)(y_1-y_2)}{x_1-x_2}=\frac{2p(x_1-x_2)}{x_1-x_2}=y_0\cdot k_{AB}=p$$

中点弦的公式变形（第三定义）

①椭圆：

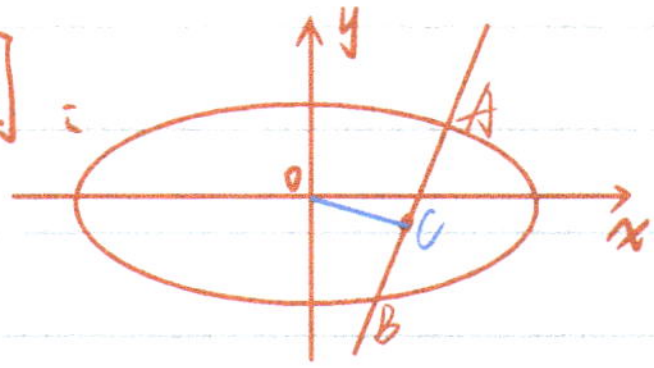

AB是曲线与直线的交点

C为AB的中点

∴ $k_{AB}\cdot k_{OC}=-\frac{b^2}{a^2}$

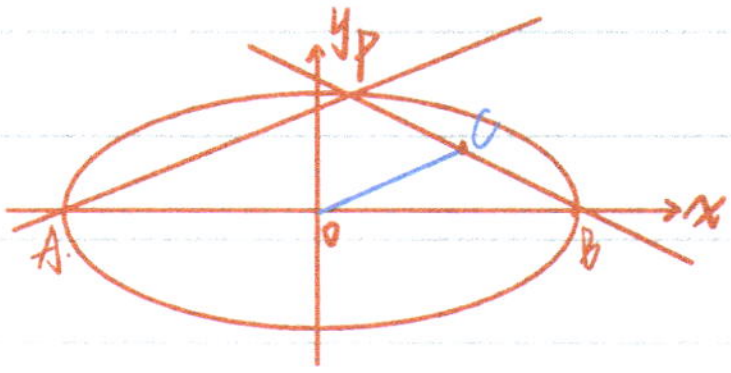

A.B是椭圆的左右顶点

P为椭圆的一点

∴ $k_{PA}\cdot k_{PB}=-\frac{b^2}{a^2}$

证明：取PB中点C．则 $k_{PB}\cdot k_{OC}=-\frac{b^2}{a^2}$　∵OC∥PA

∴ $k_{OC}=k_{PA}$　∴ $k_{PB}\cdot k_{PA}=-\frac{b^2}{a^2}$

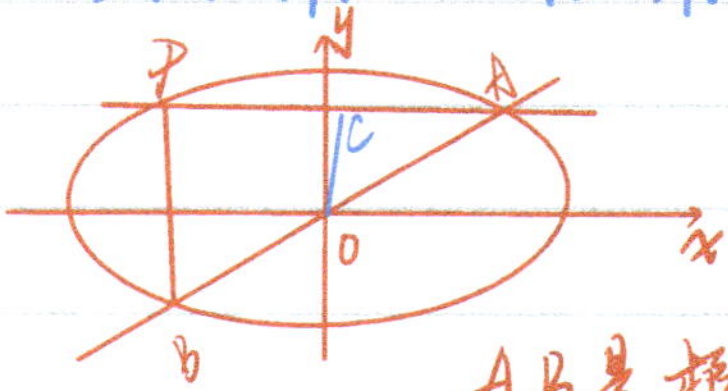

A.B是椭圆上关于原点O对称的两点

P为椭圆上的一点

∴ $k_{PA}\cdot k_{PB}=-\frac{b^2}{a^2}$

证明：取PA中点C．则 $k_{PA}\cdot k_{OC}=-\frac{b^2}{a^2}$

∵OC∥PB　∴ $k_{OC}=k_{PB}$　∴ $k_{PB}\cdot k_{PA}=-\frac{b^2}{a^2}$

②双曲线

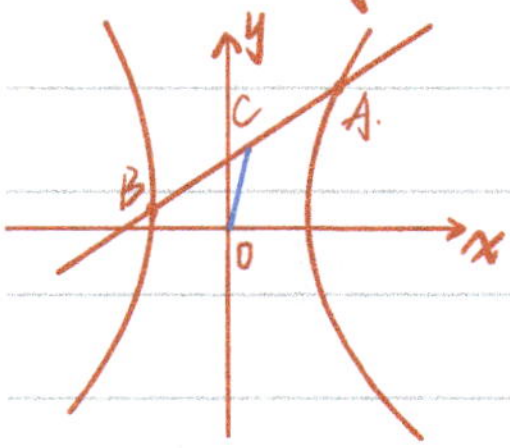

A.B是曲线与直线的交点

C为AB的中点

$\therefore k_{AB}\cdot k_{OC}=\frac{b^2}{a^2}$

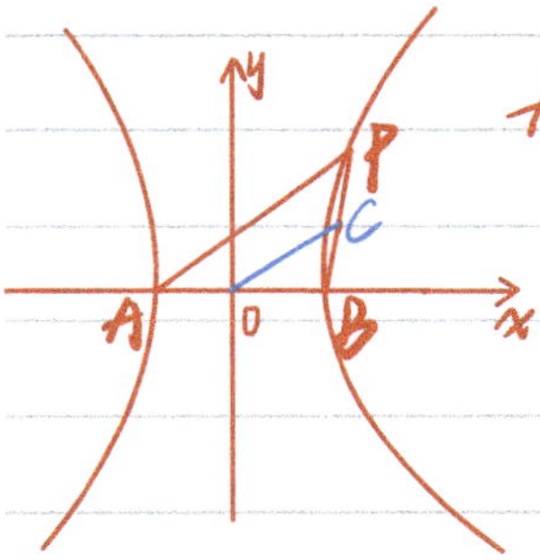

A.B是双曲线的左右顶点

P为双曲线上的一点

$\therefore k_{PA}\cdot k_{PB}=\frac{b^2}{a^2}$

证明：取PB中点C　则 $k_{PB}\cdot k_{OC}=\frac{b^2}{a^2}$

$\because OC\parallel PA$　$\therefore k_{OC}=k_{PA}$　$\therefore k_{PB}\cdot k_{PA}=\frac{b^2}{a^2}$

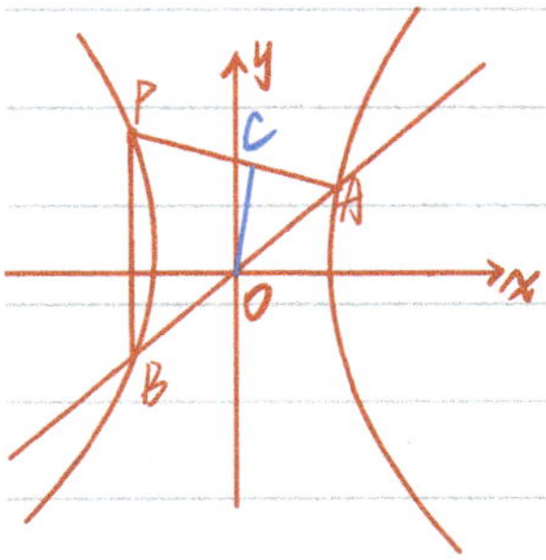

A.B是椭圆上关于原点O对称的两点

P为双曲线上的一点

$\therefore k_{PA}\cdot k_{PB}=\frac{b^2}{a^2}$

证明：取PA中点C　则 $k_{PA}\cdot k_{OC}=\frac{b^2}{a^2}$

$\because OC\parallel PB$

$\therefore k_{OC}=k_{PB}$　$\therefore k_{PB}\cdot k_{PA}=\frac{b^2}{a^2}$

椭圆、双曲线的第二定义

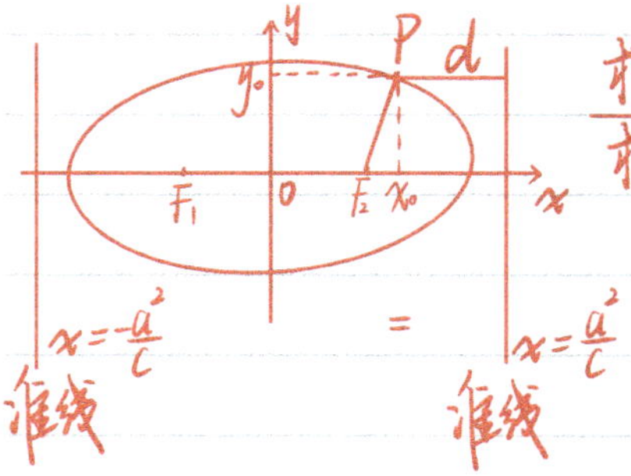

$$\frac{\text{椭圆上任意一点到焦点的距离}}{\text{椭圆上任意一点到准线的距离}}=e$$

$\frac{PF_2}{d}=e$

$PF_2=d\cdot e=\left(\frac{a^2}{c}-x_0\right)\cdot\frac{c}{a}$

$PF_2=a-x_0\cdot e$（PF_2为右）

$PF_1=a+x_0\cdot e$（PF_1为左）

口诀：左加右减

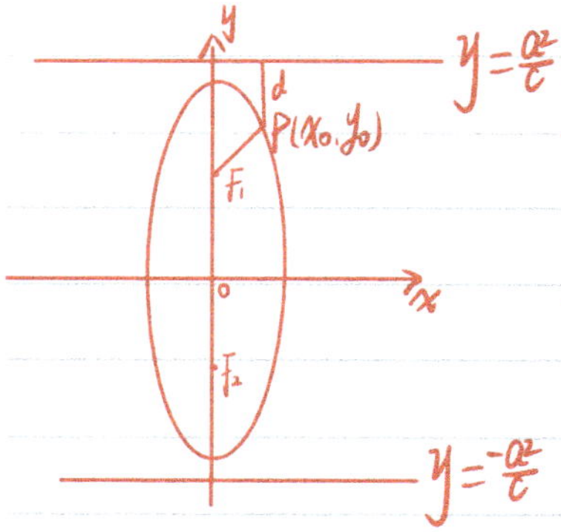

$$\frac{\text{椭圆上任意一点到焦点的距离}}{\text{椭圆上任意一点到准线的距离}}=e$$

$\frac{PF_1}{d}=e$

$PF_1=d\cdot e=\left(\frac{a^2}{c}-y_0\right)\cdot e$

$PF_1=\left(\frac{a^2}{c}-y_0\right)\cdot\frac{c}{a}$

$PF_1=a-ey_0$　$PF_2=a+ey_0$

例：（2019全国Ⅲ卷）设F_1F_2为椭圆C：$\frac{x^2}{36}+\frac{y^2}{20}=1$的两个焦点，M为C上一点且在第一象限，若$\triangle MF_1F_2$为等腰三角形，则M的坐标为 $(3,\sqrt{15})$

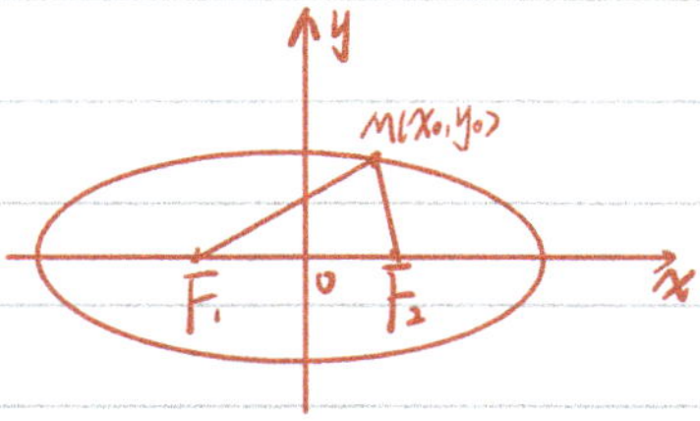

∵M在一象限　设$M(x_0,y_0)$

∴$MF_1=F_1F_2$　$MF_1=a+ex_0=F_1F_2=2c$

$6+\frac{4}{6}x_0=8$　$\frac{2}{3}x_0=2$　$x_0=3$

∴$\frac{9}{36}+\frac{y_0^2}{20}=1$　$\frac{y_0^2}{20}=\frac{3}{4}$　$y_0^2=15$　$y=\sqrt{15}$

双曲线第二定义

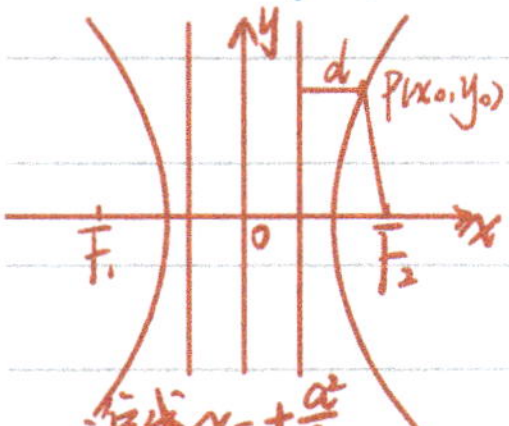

准线 $x=\pm\frac{a^2}{c}$

$$\frac{\text{双曲线上任意一点到焦点的距离}}{\text{双曲线上任意一点到准线的距离}}=e$$

$\frac{PF_2}{d}=e$　$PF_2=d\cdot e=(x_0-\frac{a^2}{c})e=ex_0-a$

$PF_2=-(a-ex_0)$

设$P(x_0,y_0)$　"口诀"长正短负　左加右减"

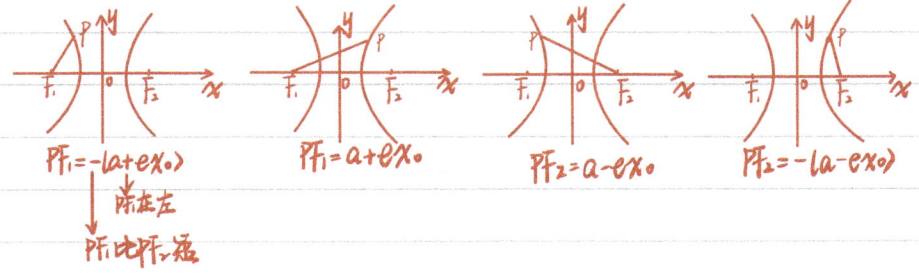

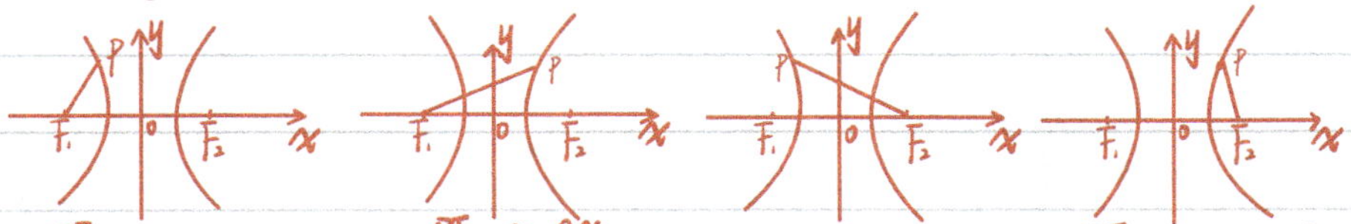

$PF_1=-(a+ex_0)$　$PF_1=a+ex_0$　$PF_2=a-ex_0$　$PF_2=-(a-ex_0)$

↓ 点在左

PF_1比PF_2短

圆锥曲线中最值的常用方法

<1> 目标：$m\cdot\sqrt{2-m^2}=\sqrt{2m^2-m^4}$　令 $m^2=t$　换之后即为二次函数

<2> 目标：$\frac{8\sqrt{4k^2+3}}{k^2+4}$　直接换元：令 $t=\sqrt{4k^2+3}$　$t>0$　$t^2=4k^2+3$

$$\frac{8t}{\frac{t^2-3}{4}+4}=\frac{32t}{t^2+13}\Rightarrow\frac{\text{二次}}{\text{二次}}\quad\frac{32}{\boxed{t+\frac{13}{t}}}$$

⇒ 均值不等式

<3> 目标：$(1-2m+2m^2)\cdot\sqrt{m-m^2}$（有根号出现 换元）

令 $\sqrt{m-m^2}=t$　$t^2=m-m^2$　$(1-2t^2)\cdot t=t-2t^3$（三次函数）求导即可

<4> 目标：$\frac{3(1+k^2)(1+9k^2)}{(1+3k^2)^2}\Rightarrow\frac{\text{四次}}{\text{四次}}=\frac{3(1+9k^2+k^2+9k^4)}{1+6k^2+9k^4}$

$$=\frac{3(9k^4+6k^2+1)+12k^2}{9k^4+6k^2+1}=3+\frac{12k^2}{9k^4+6k^2+1}\Rightarrow\frac{\text{二次}}{\text{四次}}$$

$$=3+\frac{12}{9k^2+6+\frac{1}{k^2}}\leq 4$$

（$9k^2+\frac{1}{k^2}$：均值不等式）

例：已知椭圆：$\frac{x^2}{3}+y^2=1$，直线 l 与椭圆交于 A、B 两点，坐标原点 O 到直线 l 的距离为 $\frac{\sqrt{3}}{2}$，求 $S_{\triangle AOB}$ 最大值.

设 $A(x_1,y_1)$　$B(x_2,y_2)$　$l: y=kx+m$

$$\begin{cases}\frac{x^2}{3}+y^2=1\\ kx-y+m=0\end{cases}$$ ∴有 $(3k^2+1)x^2+6kmx+3(m^2-1)=0$

$x_1+x_2=\frac{-2\times 3km}{3k^2+1}=\frac{-6km}{3k^2+1}$ $\quad x_1\cdot x_2=\frac{3(m^2-1)}{3k^2+1}$

$\Delta=4\times 3\times 1\times 1(3k^2+1-m^2)>0$ $\quad$ ∴ $3k^2+1>m^2$

寻找k与m关系，双参转化为单参

$d=\frac{|m|}{\sqrt{k^2+1}}=\frac{\sqrt{3}}{2}$ $\quad m^2=\frac{3}{4}(k^2+1)$

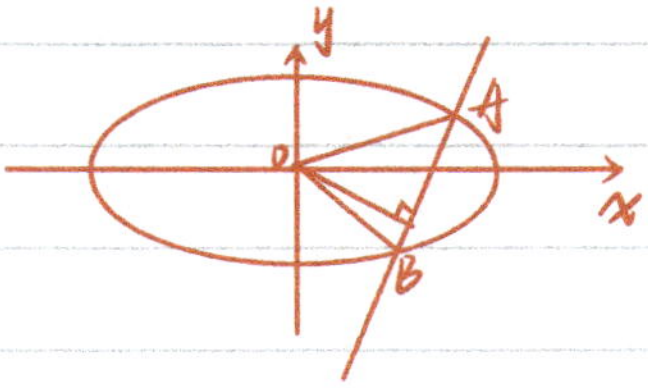

$S_{\triangle AOB}=\frac{1}{2}|AB|\times\frac{\sqrt{3}}{2}$

$=\frac{1}{2}\times\left(\sqrt{1+k^2}\cdot\frac{\sqrt{12}\cdot\sqrt{3k^2+1-m^2}}{3k^2+1}\right)\times\frac{\sqrt{3}}{2}$

$=\frac{\sqrt{3}}{4}\times\sqrt{1+k^2}\times\frac{2\sqrt{3}\cdot\sqrt{3k^2+1-\frac{3}{4}k^2-\frac{3}{4}}}{3k^2+1}$

$=\frac{\sqrt{3}}{4}\times\sqrt{1+k^2}\times\frac{2\sqrt{3}\cdot\sqrt{\frac{9}{4}k^2+\frac{1}{4}}}{3k^2+1}$

$=\frac{\sqrt{3}}{4}\times\sqrt{1+k^2}\times\frac{2\sqrt{3}\times\frac{1}{2}\sqrt{9k^2+1}}{3k^2+1}$

$=\frac{\sqrt{3}}{4}\times\sqrt{\frac{3(1+k^2)(9k^2+1)}{(3k^2+1)^2}}\le\frac{\sqrt{3}}{4}\times\sqrt{3+\frac{12}{9k^2+6+\frac{1}{k^2}}}\le\frac{\sqrt{3}}{2}$

(同同标4一致)

椭圆、双曲线求最值的常用方法

<1> 基本不等式 <2> 二次函数 <3> 三角函数/三角换元
<4> 三角形两边之和大于第三边，两边之差小于第三边

1. 若点O和点F分别是椭圆 $\frac{x^2}{4}+\frac{y^2}{3}=1$ 的中心和左焦点，点P为椭圆上任意一点，则 $\overrightarrow{OP}\cdot\overrightarrow{FP}$ 的最大值为 6

解：

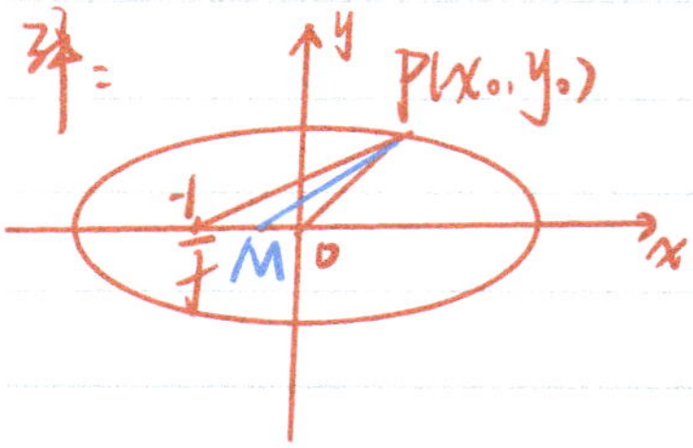

法1：$\overrightarrow{OP}=(x_0, y_0)$　$\overrightarrow{FP}=(x_0+1, y_0)$

$\frac{x_0^2}{4}+\frac{y_0^2}{3}=1$　$\therefore y_0^2=3-\frac{3}{4}x_0^2$

$\overrightarrow{OP}\cdot\overrightarrow{FP}=x_0^2+x_0+y_0^2$

$=x_0^2+x_0+3-\frac{3}{4}x_0^2$

$=\frac{1}{4}x_0^2+x_0+3\ (-2\le x_0\le 2)$

$\overrightarrow{OP}\cdot\overrightarrow{FP}\in[2, 6]$

法2：极化恒等式

$\overrightarrow{OP}\cdot\overrightarrow{FP}=PM^2-OM^2=PM^2-(\frac{1}{2})^2=PM^2-\frac{1}{4}$

$PM_{max}=a+\frac{c}{2}=2+\frac{1}{2}$

$\overrightarrow{OP}\cdot\overrightarrow{FP}=(\frac{5}{2})^2-\frac{1}{4}=\frac{25}{4}-\frac{1}{4}=6$

2.（2021全国Ⅰ文 11T）

设B是椭圆$C:\frac{x^2}{5}+y^2=1$的上顶点，点P在椭圆上，则$|PB|$的最大值为$\underline{\frac{5}{2}}$

解：

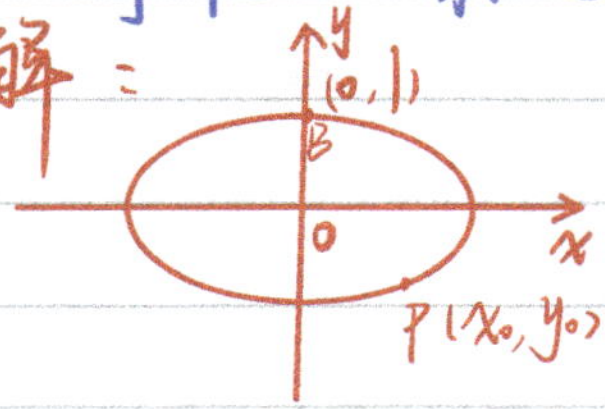

$\frac{x_0^2}{5}+y_0^2=1$

$x_0^2=5-5y_0^2$

$PB^2=x_0^2+(y_0-1)^2$

$=x_0^2+y_0^2-2y_0+1$

$=5-5y_0^2+y_0^2-2y_0+1$

$=-4y_0^2-2y_0+6\ (-1\le y_0\le 1)$

$max=\frac{25}{4}$

$\therefore |PB|^2_{max}=\frac{25}{4}\quad |PB|_{max}=\frac{5}{2}$

3.（2021年全国理Ⅰ）设B是椭圆$C:\frac{x^2}{a^2}+\frac{y^2}{b^2}=1(a>b>0)$的上顶点，若C上的任意一点P都满足$|PB|\le 2b$，则C的离心率的取值范围是（C）

A. $[\frac{\sqrt{2}}{2},1)$　B. $[\frac{1}{2},1)$　C. $(0,\frac{\sqrt{2}}{2}]$　D. $(0,\frac{1}{2}]$

解：$|PB|_{max}\le 2b$

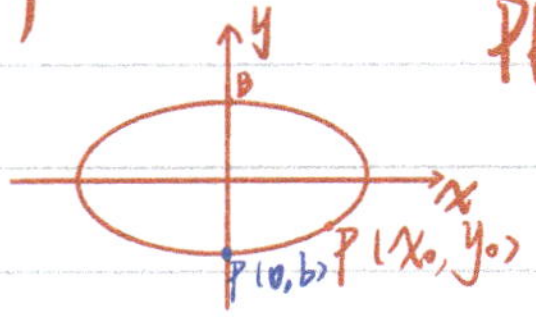

$PB^2=x_0^2+(y_0-b)^2=x_0^2+y_0^2+b^2-2by_0$

$=a^2-\frac{a^2}{b^2}y_0^2+y_0^2+b^2-2by_0$

$=-\frac{c^2}{b^2}y_0^2-2by_0+a^2+b^2$

$(-b\le y_0\le b)$

关键词 $PB\le 2b$　∴max在短轴的下半端取到

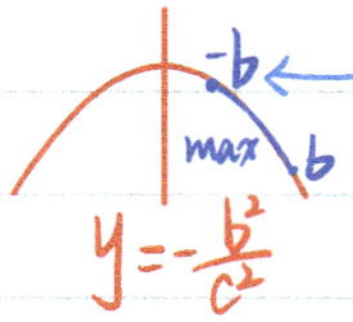

$-\frac{b^2}{c^2}\le -b$　∴ $b^2\ge c^2$

$\frac{b^2}{c^2}\ge 1$　$a^2-c^2\ge c^2$

$a^2\ge 2c^2$　$e\le\frac{\sqrt{2}}{2}$

4. 设P、Q分别为 $x^2+(y-6)^2=2$ 和椭圆 $\frac{x^2}{10}+y^2=1$ 上的点，则P、Q两点之间最大距离为 D

A. $5\sqrt{2}$　B. $\sqrt{46}+\sqrt{2}$　C. $7+\sqrt{2}$　D. $6\sqrt{2}$

(二次函数)

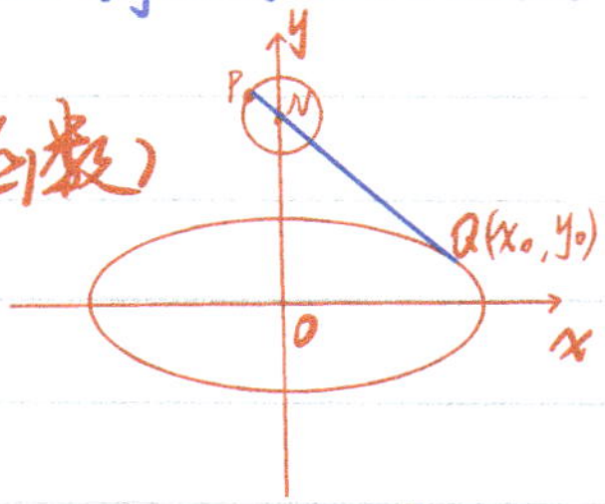

$PQ_{max}=|NQ|_{max}+\sqrt{2}$

$NQ^2=x_0^2+(y_0-6)^2$

$=x_0^2+y_0^2-12y_0+36$

$=10-10y_0^2+y_0^2-12y_0+36$

$=-9y_0^2-12y_0+46\ (-1\le y_0\le 1)$

$max=-9\times\frac{4}{9}+12\times\frac{2}{3}+46=50$　$NQ_{max}=5\sqrt{2}$　∴ $PQ_{max}=6\sqrt{2}$

5. 已知椭圆 $\frac{x^2}{9}+\frac{y^2}{5}=1$ 内有一点P(1,-1)，F是椭圆的右焦点，M是椭圆上一点，则

1. MP+MF的最大值最小值分别为 $\sqrt{5}$ / $3\sqrt{5}$

2. $MP+\sqrt{5}MF$ 的最小值为 4

三角形三边关系　　学会什么时候用定义转化

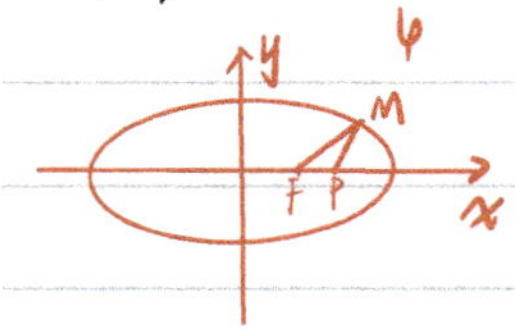

$MP+MF \geq PF$ (min)

此时M在线段PF上　与题矛盾.

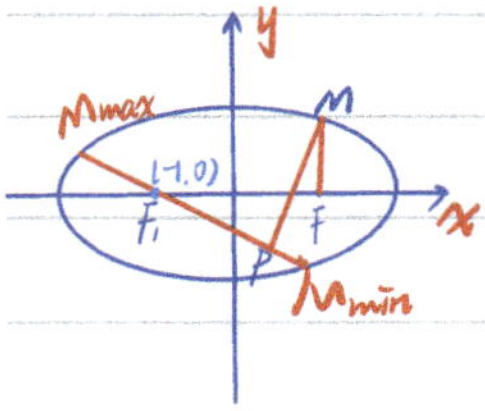

$PF_1=\sqrt{2^2+(-1)^2}=\sqrt{5}$

$P+MF=MP+2a-MF_1=2a+MP-MF_1$

$\leq 2a+PF_1=2\sqrt{5}+\sqrt{5}=3\sqrt{5}$

$MP+MF=2a-(MF_1-MP)$ $\leq PF_1$

$\geq -PF_1+2a=-\sqrt{5}+2\sqrt{5}=\sqrt{5}$

<2>

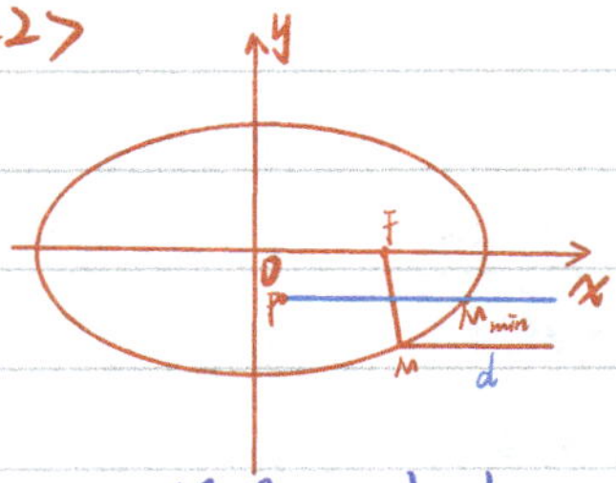

$MP+\sqrt{5}MF=MP+d$

$\frac{MF}{d}=e=\frac{1}{\sqrt{5}}$

$\therefore d=\sqrt{5}MF$

$MP+d \geq \frac{a^2}{c}-1=4$

6. 已知F是双曲线$C: x^2-\frac{y^2}{8}=1$的右焦点，P是C的左支上的一点，A(0, $6\sqrt{6}$) 当△APF周长最小时，该三角形面积 $12\sqrt{6}$.

三角形三边关系

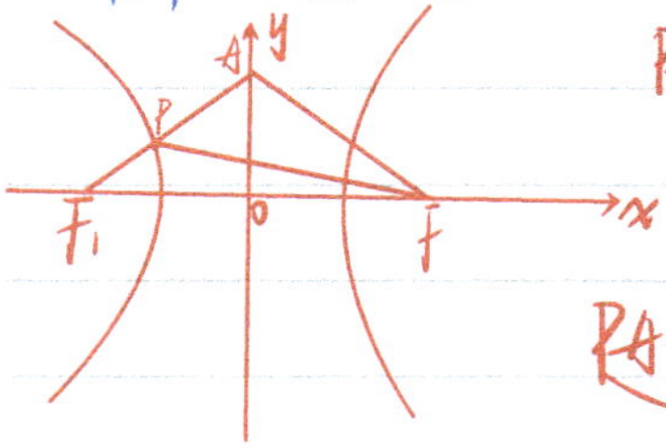

$PA+AF+PF=$ 周长 $\quad PA+PF\geq AF$

当且仅当三点共线时，P 在 AF 上 与题不符

$PA+AF+PF=$ 周长 $\quad PA+PF=PA+PF_1+2a$

$\geq AF_1+2a$

P,A,F_1 三点共线

$S_{\triangle PAF}=S_{\triangle AF_1F}-S_{\triangle PFF_1}$

$=\frac{1}{2}\times 6\times 6\sqrt{6}-S_{\triangle PFF_1}$

$=18\sqrt{6}-\frac{1}{2}\times 6\times y_P$

$=12\sqrt{6}$

$\begin{cases}8x^2-y^2=8\\ y=2\sqrt{6}(x+3)\end{cases}\Rightarrow\begin{cases}x_P=-2/-7(\text{舍})\\ y_P=2\sqrt{6}\end{cases}$

7. 已知椭圆 $\frac{x^2}{100}+\frac{y^2}{64}=1$ 的左焦点为 F，一动直线与椭圆交于点 M，N，则 $\triangle FMN$ 的周长最大值为 <u>40</u>

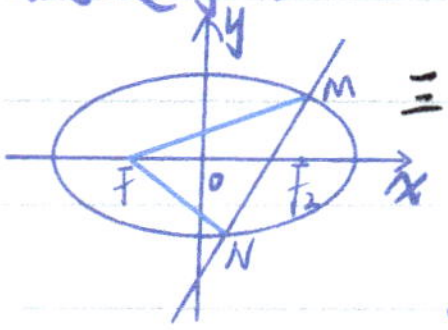

三角形三边关系

$C_{\triangle FMN}=MF+NF+MN$

$=2a-MF_2+2a-NF_2+MN$

$=4a+MN-(MF_2+NF_2)$

$(MF_2+NF_2)\geq MN$，$-(MF_2+NF_2)\leq -MN$

$=4a+MN$

$\therefore\leq 4a$

三角换元

8、设 F_1、F_2 是椭圆 $\frac{x^2}{4}+y^2=1$ 的两个焦点，O为坐标原点，P是椭圆上任意一点，则P到直线 $x+y+5=0$ 的距离的最大值最小值分别是 $\frac{5\sqrt{2}+\sqrt{10}}{2}$ / $\frac{5\sqrt{2}-\sqrt{10}}{2}$

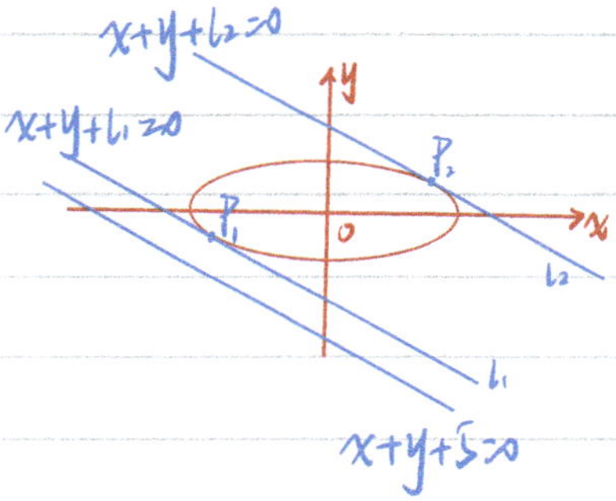

法1：$\begin{cases}\frac{x^2}{4}+y^2=1\\ x+y+c=0\end{cases}$ 联立：$\Delta=0$

$\Delta=4\times4\times1\times1\times(4\times1-c^2)=0$

$\therefore c^2=5 \quad c=\pm\sqrt{5}$

$\therefore l_1: x+y+\sqrt{5}=0 \qquad l_2: x+y-\sqrt{5}=0$

$d_{max}=\frac{|-\sqrt{5}-5|}{\sqrt{2}}=\frac{5+\sqrt{5}}{\sqrt{2}}=\frac{5\sqrt{2}+\sqrt{10}}{2}$

$d_{min}=\frac{|\sqrt{5}-5|}{\sqrt{2}}=\frac{5-\sqrt{5}}{\sqrt{2}}=\frac{5\sqrt{2}-\sqrt{10}}{2}$

法2：椭圆 $\begin{cases}x=2\cos\theta\\ y=\sin\theta\end{cases}$ （θ为参数）

$\therefore P(2\cos\theta, \sin\theta)$ $\quad d=\frac{|2\cos\theta+\sin\theta+5|}{\sqrt{2}}=\frac{\sqrt{5}\sin(\theta+\varphi)+5}{\sqrt{2}}$

$max=\frac{\sqrt{5}+5}{\sqrt{2}}=\frac{\sqrt{10}+5\sqrt{2}}{2}$ $\quad min=\frac{5-\sqrt{5}}{\sqrt{2}}=\frac{5\sqrt{2}-\sqrt{10}}{2}$

导数相关的图象

<1>导数中的相切模型(五大金刚)

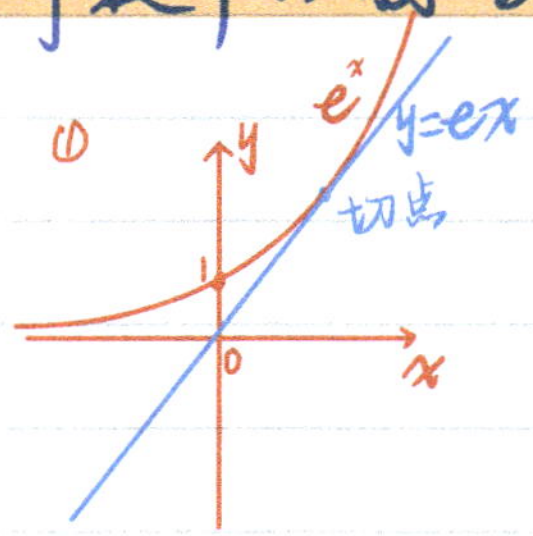

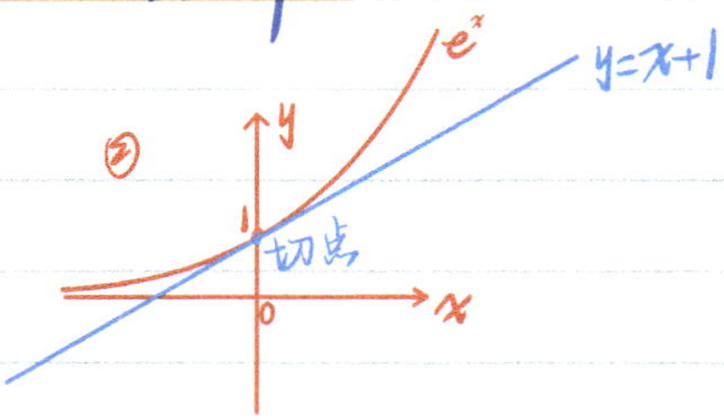

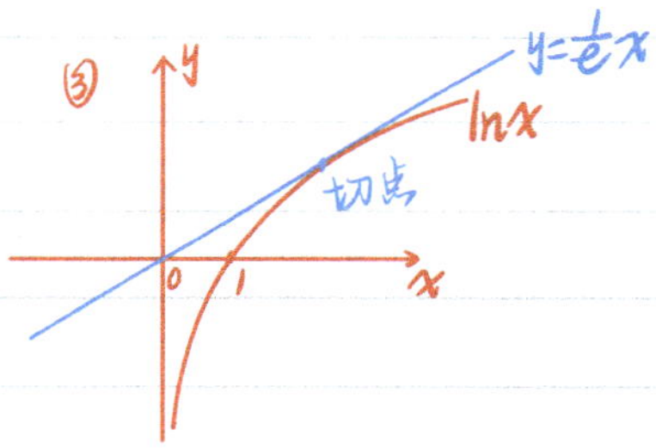

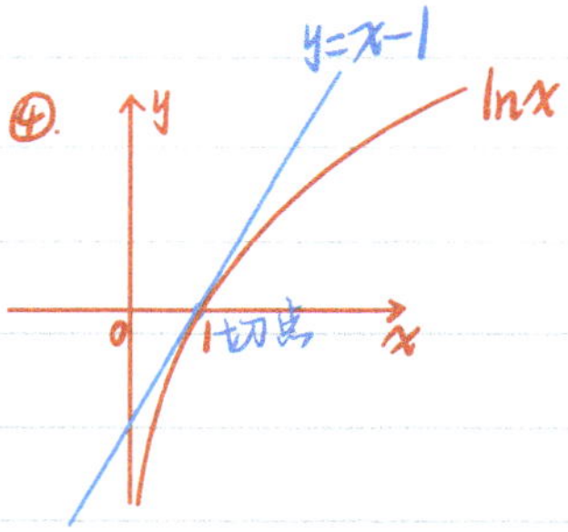

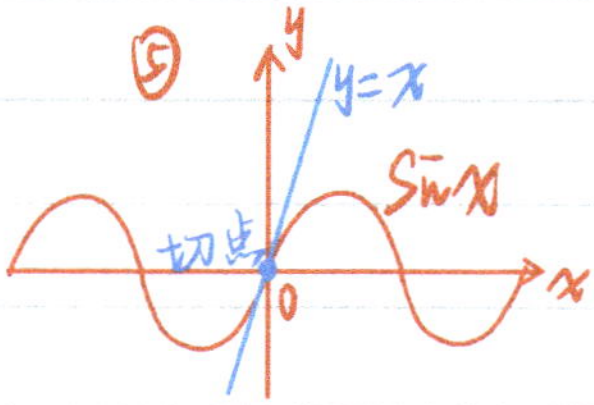

<2>高中构造函数中常用的"超越函数"

① $y=x\cdot e^x$

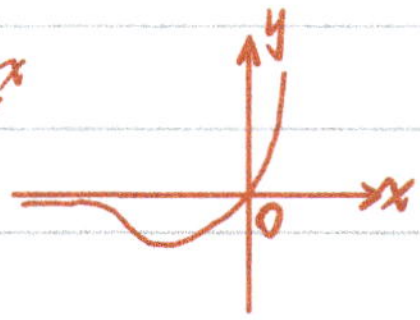

② $y=\frac{\ln x}{x}$

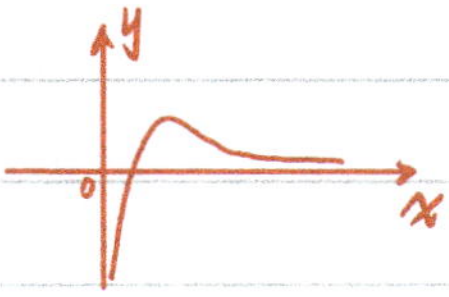

③ $y=\frac{x}{e^x}$

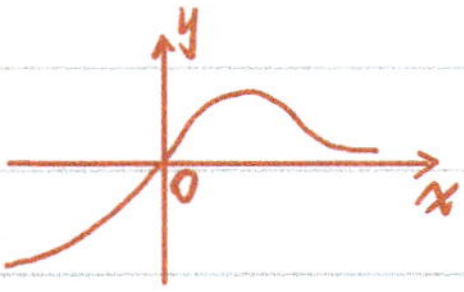

④ $y=x-\ln x$

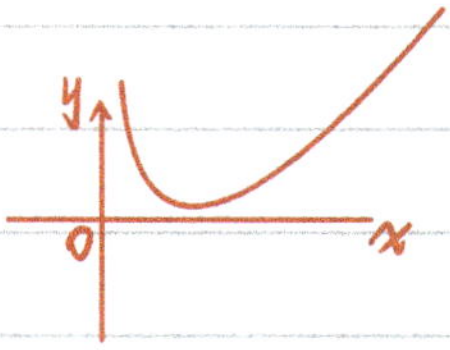

⑤ $y=x\cdot\ln x$

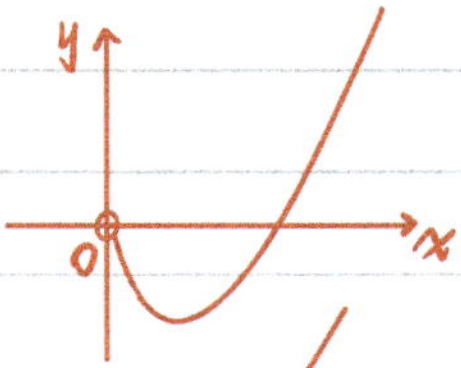

⑥ $y=\frac{e^x}{x}$

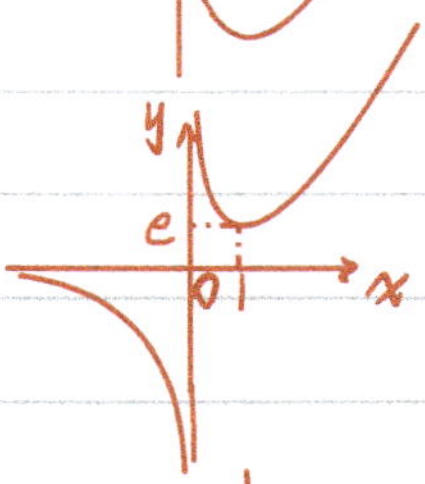

⑦ $y=(2x-1)e^x$

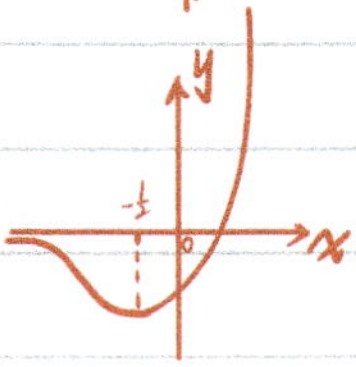

高中必须会画的几个函数图象

双绝对值函数图象

① $y=|x-a|+|x-b|\ (a<b)$

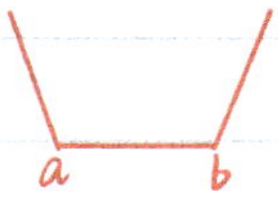

(平底锅)

② $y=|x-a|+2|x-b|\ (a<b)$

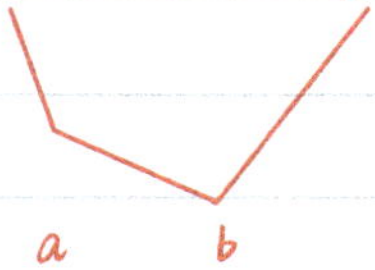

(破锅)

③ $y=|x-a|-|x-b|\ (a<b)$

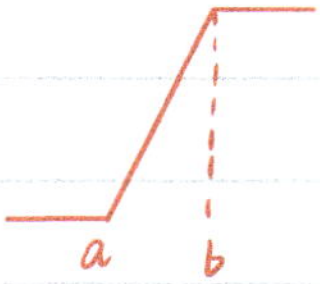

(滑梯)

④ $y=2|x-a|+|x-b|$

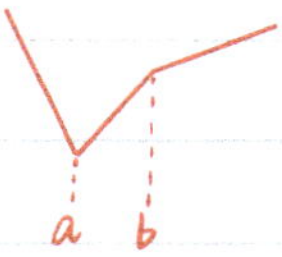

⑤ $y=e^{x}-e^{-x}$

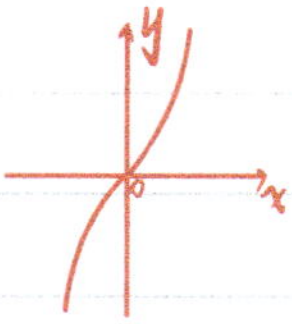

⑥ $y=e^{x}+e^{-x}$

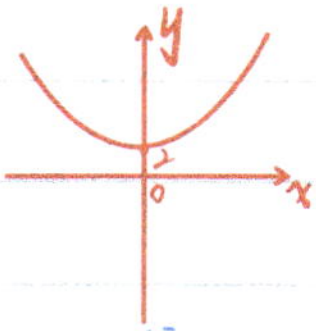

(石碗)

⑦ $y=\dfrac{e^{x}+e^{-x}}{e^{x}-e^{-x}}$

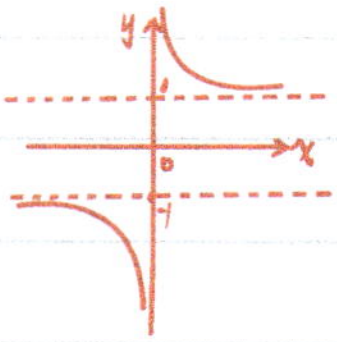

⑧ $y=\dfrac{e^{x}-e^{-x}}{e^{x}+e^{-x}}$

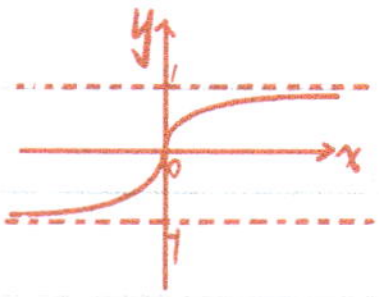

⑨ $y=\lg(\sqrt{x^{2}+1}+x)$

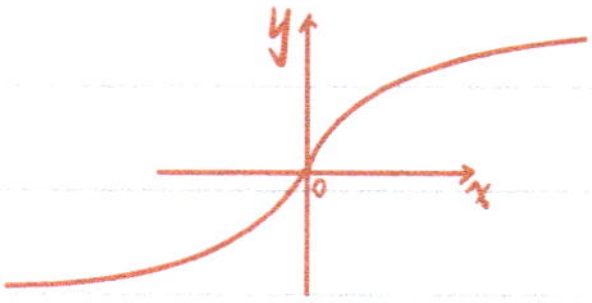

⑩ $y=\lg\dfrac{1-x}{1+x}$

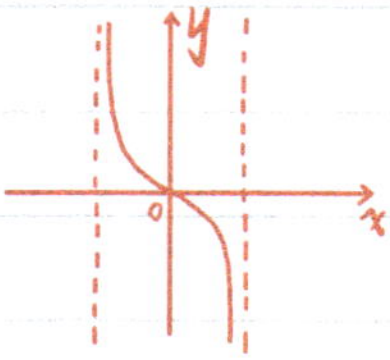

⑪ $y=ax+\dfrac{b}{x}\ (a>0,\ b>0)$

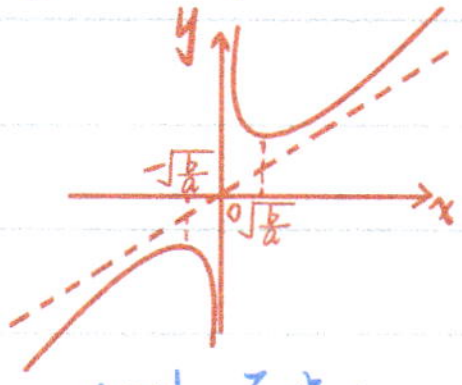

(Nike函数)

⑫ $y=\frac{x}{x^2+1}$

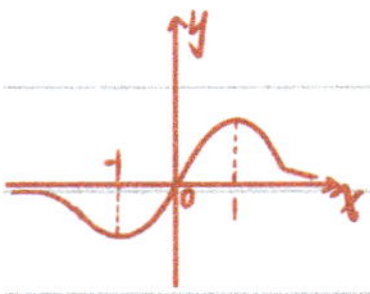

⑬ $y=ax-\frac{b}{x}\ (a>0,\ b>0)$

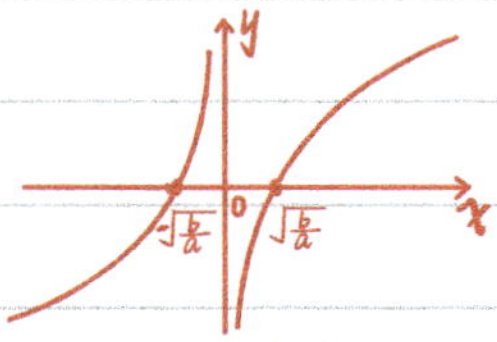

(双刀函数)

⑭ $y=x(x-1)(x-2)$

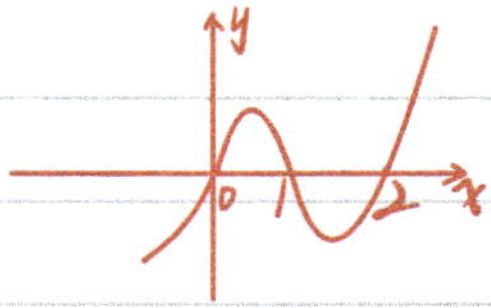

(穿根法)

⑮ $y=\sqrt{1-x^2}$

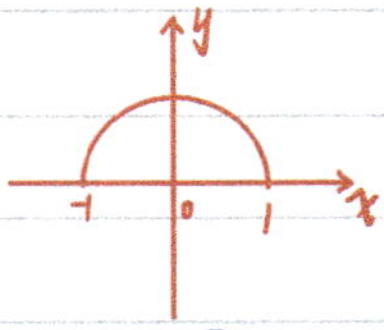

(半圆)

⑯ $y=2\sqrt{1-x^2}$

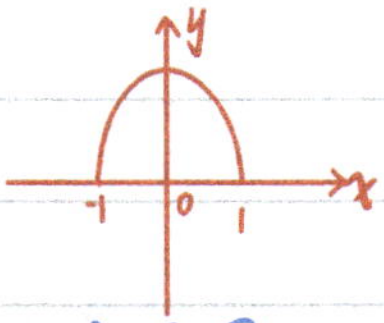

(半椭圆)

⑰ $y=\sqrt{1+x^2}$

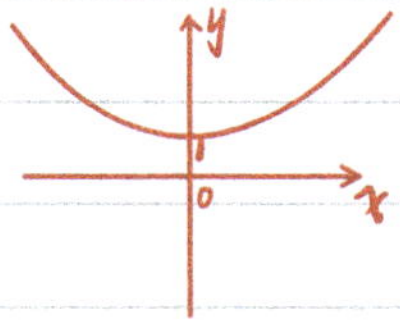

⑱ $y=[x]$

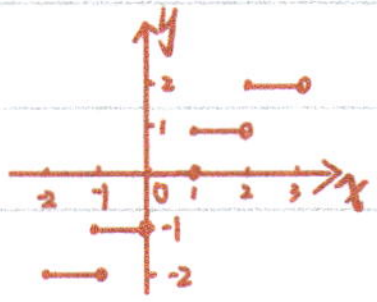

(楼梯)

⑲ $y=x-[x]$

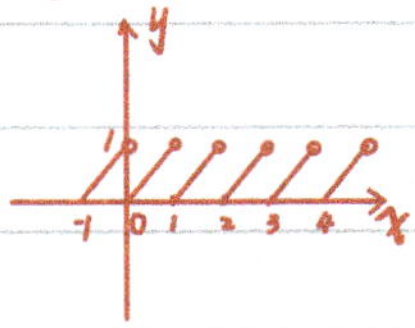

其余的自己联想

(楼梯)

切线不等式的放缩

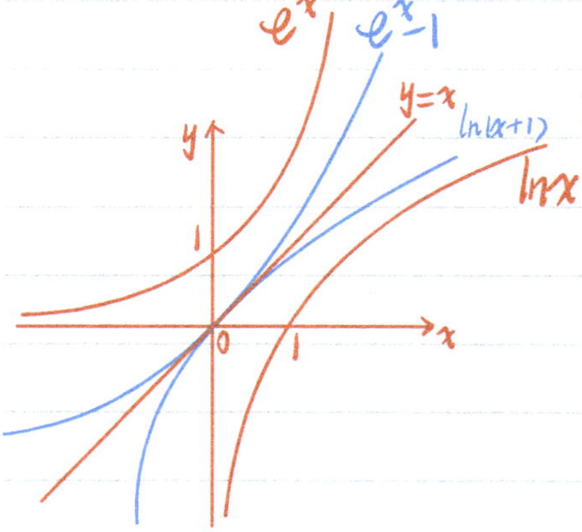

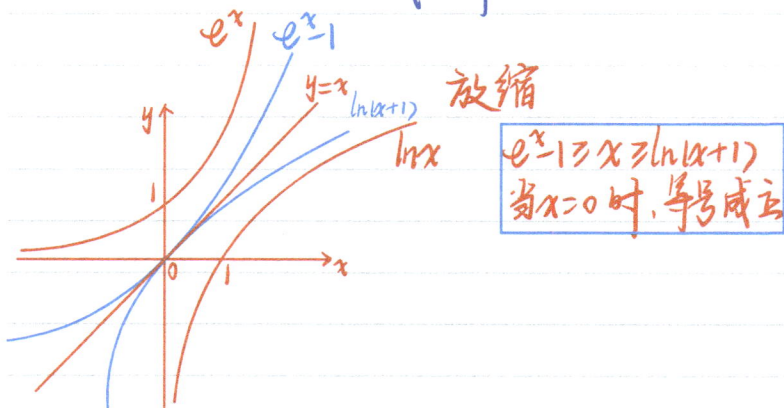

放缩

$e^x-1\geq x\geq \ln(x+1)$

当 $x=0$ 时，等号成立

例：(2017年III) 已知函数 $f(x)=x-1-a\ln x$

(1) $f(x)\geq 0$ 求 a 的值

(2) 设 m 为整数，且对任意正整数 m

$(1+\frac{1}{2})(1+\frac{1}{2^2})(1+\frac{1}{2^3})\cdots(1+\frac{1}{2^n})<m$，求 m 的最小值

(1) $x-1-a\ln x\geq 0$　　$x-1\geq a\ln x$　　∵ $(x-1\geq \ln x)$　　∴ $a=1$

(2) 法1：∵ $\ln x\leq x-1$ (当 $x=1$ 时等号成立)

根据题意，∴令 $x=1+\frac{1}{2^n}$　　∴ $\ln(1+\frac{1}{2^n})<\frac{1}{2^n}$

∴ $\ln(1+\frac{1}{2})+\ln(1+\frac{1}{2^2})+\ln(1+\frac{1}{2^3})+\cdots+\ln(1+\frac{1}{2^n})<\underline{\frac{1}{2^1}+\frac{1}{2^2}+\frac{1}{2^3}\cdots+\frac{1}{2^n}}$

(等比求和)

$\ln(1+\frac{1}{2})(1+\frac{1}{2^2})(1+\frac{1}{2^3})\cdots(1+\frac{1}{2^n})<\frac{\frac{1}{2}[1-(\frac{1}{2})^n]}{1-\frac{1}{2}}=1-(\frac{1}{2})^n<1$

$\ln(1+\frac{1}{2})(1+\frac{1}{2^2})(1+\frac{1}{2^3})\cdots(1+\frac{1}{2^n})<\boxed{\ln e}\longleftrightarrow\boxed{1}$

$(1+\frac{1}{2})(1+\frac{1}{2^2})(1+\frac{1}{2^3})\cdots(1+\frac{1}{2^n})<e$

∴ $m\geq e$　　$m_{min}=3$

法2：$e^x\geq x+1$　　令 $x=\frac{1}{2^n}$　　$e^{\frac{1}{2^n}}>\frac{1}{2^n}+1$

$(1+\frac{1}{2})(1+\frac{1}{2^2})(1+\frac{1}{2^3})\cdots(1+\frac{1}{2^n})<e^{\frac{1}{2}}\cdot e^{\frac{1}{2^2}}\cdot e^{\frac{1}{2^3}}\cdots e^{\frac{1}{2^n}}$

$(1+\frac{1}{2})(1+\frac{1}{2^2})(1+\frac{1}{2^3})\cdots(1+\frac{1}{2^n})<e^{\frac{1}{2}+\frac{1}{2^2}+\frac{1}{2^3}+\cdots+\frac{1}{2^n}}$

$(1+\frac{1}{2})(1+\frac{1}{2^2})(1+\frac{1}{2^3})\cdots(1+\frac{1}{2^n})<e^{1-(\frac{1}{2})^n}<e^1$

∴ $(1+\frac{1}{2})(1+\frac{1}{2^2})(1+\frac{1}{2^3})\cdots(1+\frac{1}{2^n})<e$

∴ $m\geq e$　　$m_{min}=3$

法3："n元均值" $\sqrt{ab}\leq\frac{a+b}{2}$

$\sqrt[n]{a_1\cdot a_2\cdot a_3\cdots a_n}\leq\frac{a_1+a_2+a_3+\cdots a_n}{n}$

$a_1a_2a_3\cdots a_n\leq(\frac{1+\frac{1}{2}+1+\frac{1}{2^2}+\cdots+1+\frac{1}{2^n}}{n})^n$

∴ $(1+\frac{1}{2})(1+\frac{1}{2^2})\cdots(1+\frac{1}{2^n})<(\frac{1+\frac{1}{2}+1+\frac{1}{2^2}+\cdots+1+\frac{1}{2^n}}{n})^n$

$=(1+\frac{1-(\frac{1}{2})^n}{n})^n<(1+\frac{1}{n})^n<e$

∴ $(1+\frac{1}{2})(1+\frac{1}{2^2})\cdots(1+\frac{1}{2^n})<e$

∴ $m\geq e$　　$m_{min}=3$

> $\ln(1+x)<x$
> 令 $x=\frac{1}{n}$，$\ln(1+\frac{1}{n})<\frac{1}{n}$
> $n\ln(1+\frac{1}{n})<1$　　$\ln(1+\frac{1}{n})^n<\ln e$
> ∴ $(1+\frac{1}{n})^n<e$

导数与不等式图解(一)

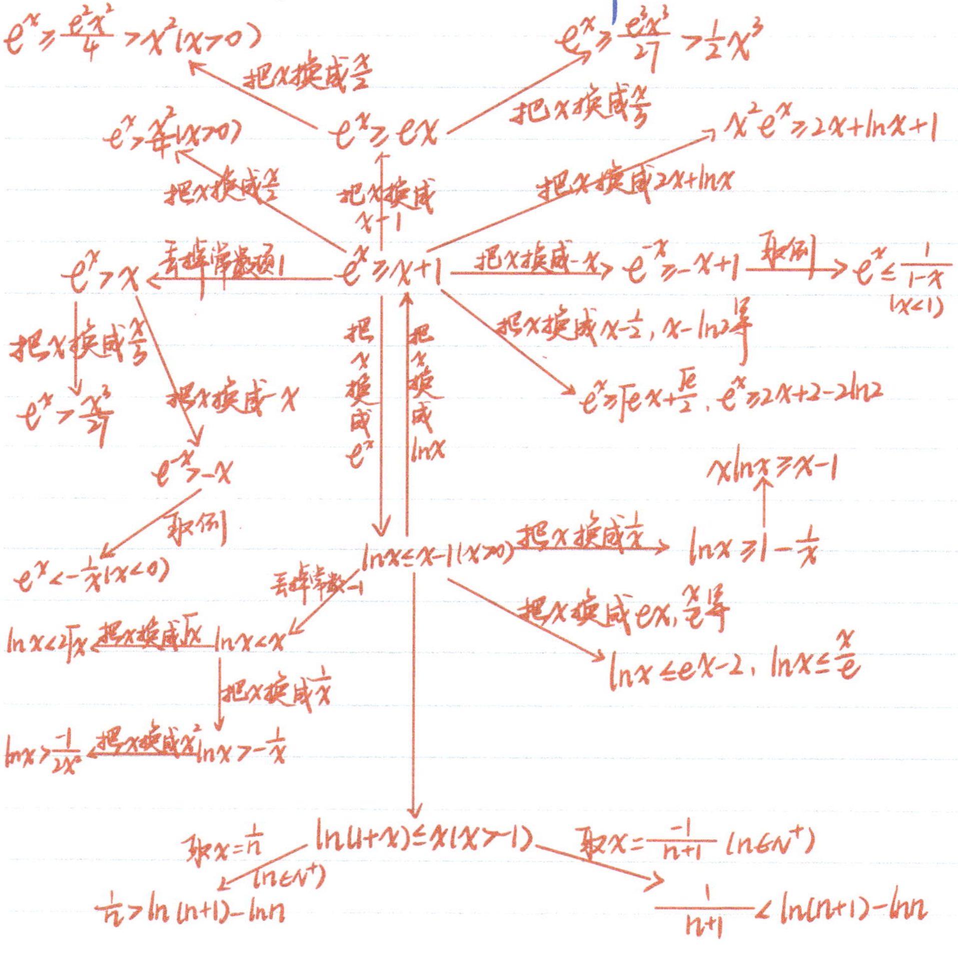
$e^x \geq \frac{e^2x^2}{4} > x^2 (x>0)$
把x换成$\frac{x}{2}$
$e^x \geq \frac{e^3x^3}{27} > \frac{1}{2}x^3$
把x换成$\frac{x}{3}$
$e^x \geq ex$
$x^2e^x \geq 2x+\ln x+1$
把x换成$2x+\ln x$
$e^x > \frac{x^2}{4} (x>0)$
把x换成$\frac{x}{2}$
把x换成$x+1$
$e^x \geq x+1$
去掉常数项1
$e^x > x$
把x换成$-x$
$e^{-x} \geq -x+1$
取倒
$e^x \leq \frac{1}{1-x} (x<1)$
把x换成$x-\frac{1}{2}$, $x-\ln 2$等
$e^x \geq \sqrt{e}x+\frac{\sqrt{e}}{2}$, $e^x \geq 2x+2-2\ln 2$
把x换成$\frac{x}{3}$
$e^x > \frac{x^3}{27}$
把x换成$-x$
$e^{-x} > -x$
取倒
$e^x < -\frac{1}{x} (x<0)$
把x换成e^x
把x换成$\ln x$
$\ln x \leq x-1 (x>0)$
把x换成$\frac{1}{x}$
$\ln x \geq 1-\frac{1}{x}$
$x\ln x \geq x-1$
去掉常数-1
$\ln x < x$
把x换成$\sqrt{x}$
$\ln x < 2\sqrt{x}$
把x换成ex, $\frac{x}{e}$等
$\ln x \leq ex-2$, $\ln x \leq \frac{x}{e}$
把x换成$\frac{1}{x}$
$\ln x > -\frac{1}{x}$
把x换成x^2
$\ln x > \frac{-1}{2x^2}$
$\ln(1+x) \leq x (x>-1)$
取$x=\frac{1}{n}$ $(n\in N^+)$
$\frac{1}{n} > \ln(n+1)-\ln n$
取$x=\frac{-1}{n+1}$ $(n\in N^+)$
$\frac{1}{n+1} < \ln(n+1)-\ln n$

导数与不等式图谱(二)

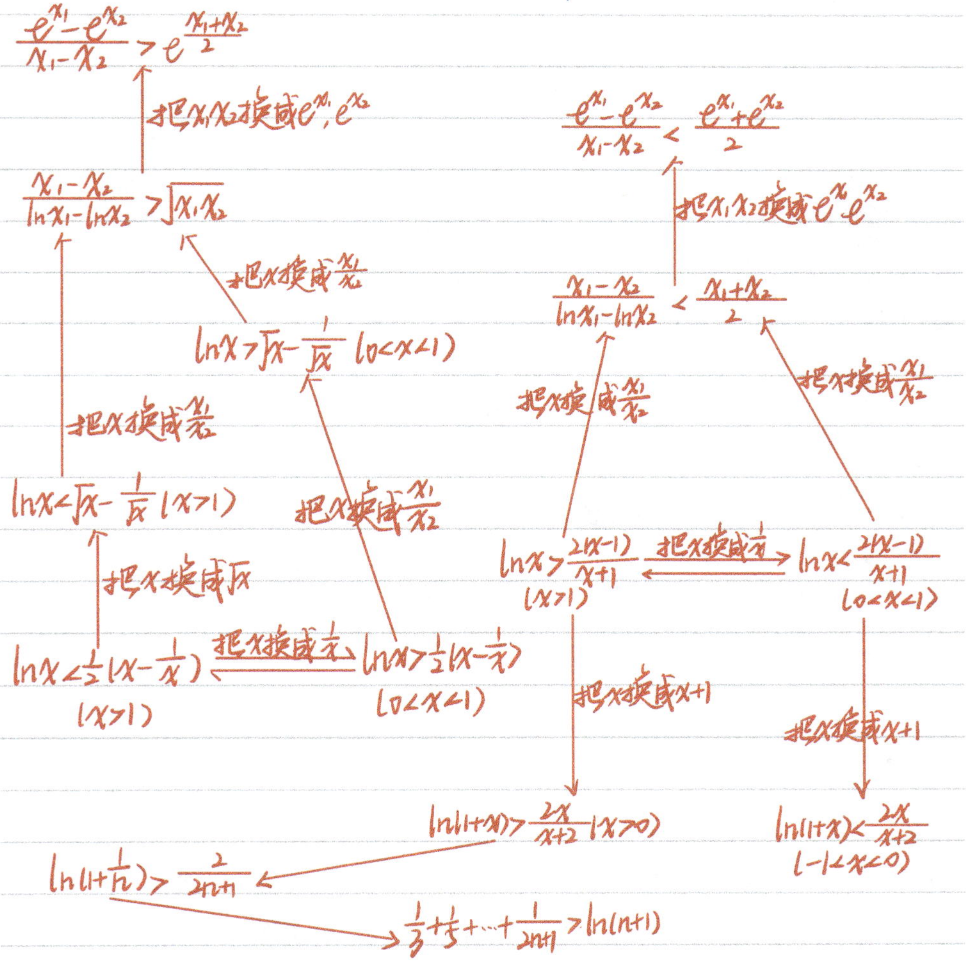

$\frac{e^{x_1}-e^{x_2}}{x_1-x_2}>e^{\frac{x_1+x_2}{2}}$
把x_1,x_2换成e^{x_1},e^{x_2}
$\frac{x_1-x_2}{\ln x_1-\ln x_2}>\sqrt{x_1x_2}$
把x换成$\frac{x_1}{x_2}$
$\ln x>\sqrt{x}-\frac{1}{\sqrt{x}}\ (0<x<1)$
把x换成$\frac{x_1}{x_2}$
$\ln x<\sqrt{x}-\frac{1}{\sqrt{x}}\ (x>1)$
把x换成$\frac{x_1}{x_2}$
把x换成$\sqrt{x}$
$\ln x<\frac{1}{2}(x-\frac{1}{x})\ (x>1)$
把x换成$\frac{1}{x}$
$\ln x>\frac{1}{2}(x-\frac{1}{x})\ (0<x<1)$
$\frac{e^{x_1}-e^{x_2}}{x_1-x_2}<\frac{e^{x_1}+e^{x_2}}{2}$
把x_1,x_2换成e^{x_1},e^{x_2}
$\frac{x_1-x_2}{\ln x_1-\ln x_2}<\frac{x_1+x_2}{2}$
把x换成$\frac{x_1}{x_2}$
把x换成$\frac{x_1}{x_2}$
$\ln x>\frac{2(x-1)}{x+1}\ (x>1)$
把x换成$\frac{1}{x}$
$\ln x<\frac{2(x-1)}{x+1}\ (0<x<1)$
把x换成$x+1$
把x换成$x+1$
$\ln(1+x)>\frac{2x}{x+2}\ (x>0)$
$\ln(1+x)<\frac{2x}{x+2}\ (-1<x<0)$
$\ln(1+\frac{1}{n})>\frac{2}{2n+1}$
$\frac{1}{3}+\frac{1}{5}+\cdots+\frac{1}{2n+1}>\ln(n+1)$

高中导数常用的放缩公式

<1>放缩成一次函数

$\ln(x+1)\le x$　$\ln x<x$　$e^x\ge x+1$　$e^x\ge ex$　$e^x>x$

<2>放缩成"双刀"函数

$\ln x<\sqrt{x}-\frac{1}{\sqrt{x}}\ (x>1)$　$\ln x>\sqrt{x}-\frac{1}{\sqrt{x}}\ (0<x<1)$

$\ln x>\frac{1}{2}(x-\frac{1}{x})\ ,\ (0<x<1)$　$\ln x<\frac{1}{2}(x-\frac{1}{x}),\ (x>1)$

<3>放缩成二次函数

$\ln x\le x^2-x$　$\ln(x+1)\le x-\frac{1}{2}x^2,\ (-1<x<0)$

$\ln(x+1)\ge x-\frac{1}{2}x^2\ (x>0)$　$e^x\ge 1+x+\frac{1}{2}x^2\ (x>0)$

<4>放缩成反比例函数

$\ln x\ge 1-\frac{1}{x}$　$\ln(x+1)\ge\frac{1}{x+1}$　$\ln x>\frac{2(x-1)}{x+1},\ (x>1)$

$\ln x<\frac{2(x-1)}{x+1}\ (0<x<1)$　$\ln(x+1)<\frac{2x}{x+1}\ (-1<x<0)$

$\ln(x+1)>\frac{2x}{x+1}\ (x>0)$　$e^x\le\frac{1}{1-x}\ (x\le 0)$　$e^x<-\frac{1}{x}\ (x<0)$

<5>指对数放缩

$e^x-\ln x\ge(x+1)-(x-1)=2$

<6>三角函数放缩

$\tan x>x>\sin x\ (0<x<\frac{\pi}{2})$　$\sin x\ge x-\frac{1}{2}x^2$　$1-\frac{1}{2}x^2\le\cos x\le 1-\frac{1}{2}\sin^2 x$

高中导数/函数中"任意""存在"之解读

① $\forall x\in I$ $f(x)_{min} \geq a$

② $\forall x\in I$ $f(x) \geq g(x) \Rightarrow F(x) = f(x) - g(x)$ $F(x)_{min} \geq 0$

同一个"x"

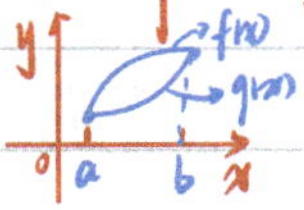

③ $\exists x\in I$ $f(x)_{max} \geq a$

④ $\exists x\in I$ $f(x) > g(x) \Rightarrow F(x) = f(x) - g(x)$ $F(x)_{max} > 0$

⑤ $\forall x_1\in I_1$ $\forall x_2\in I_2$ $f(x_1)_{min} \geq g(x_2)_{max}$

⑥ $\forall x_1\in I_1$ $\exists x_2\in I_2$ $f(x_1)_{min} \geq g(x_2)_{max}$

⑦ $\forall x_1\in I_1$ $\exists x_2\in I_2$ $f(x_1) = g(x_2)$

f(x)之值域是g(x)值域之子集

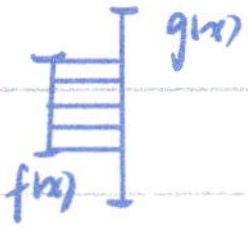

⑧ $\exists x_1\in I_1$, $\exists x_2\in I_2$ $f(x_1) = g(x_2)$

值域有交集

⑨ $\forall x_1 \in I_1$，$\exists x_2 \in I_2$

$|f(x_1)-f(x_2)| < |g(x_1)-g(x_2)|$

高中数学大佬必须会证之不等式

必须记住之会证之不等式

<1> 当 $x\in R$，$e^x \geq x+1$

<2> 当 $x\in R$，$e^x \geq ex$

<3> 当 $x \geq 0$，$e^x \geq 1+x+\frac{1}{2}x^2$

<4> 当 $x \geq 0$，$e^x \geq 1+x^2$

<5> 当 $x\in R$，$e^x \geq 1+x+\frac{1}{2}x^2+\frac{1}{6}x^3$

<6> 当 $x<1$ 时，$e^x \leq \frac{1}{1-x}$

<7> 当 $0 \leq x \leq 2$ 时 $e^x \leq \frac{2+x}{2-x}$；当 $x<0$ 时，$e^x > \frac{2+x}{2-x}$

<1> $f(x)=e^x-x-1$　$f'(x)=e^x-1$

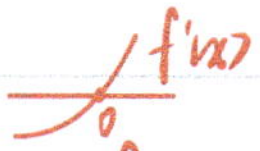

$f(x)$ 在 $(-\infty,0)\downarrow$　$(0,+\infty)\uparrow$　$f(x) \geq f(0)=0$

<2> $e^{x-1} \geq x$　$e^x \geq ex$

泰勒展开式　$f(x)=f(x_0)+f'(x_0)(x-x_0)+\frac{f''(x_0)}{2!}(x-x_0)^2+\cdots\cdots$

在 $x_0=0$ 处展开　$e^x=1+x+\frac{1}{2!}x^2+\frac{1}{3!}x^3+\cdots\cdots$

$e^x=1+x+\frac{x^2}{2}+\frac{x^3}{6}+\cdots\cdots$

$\therefore e^x \geq x+1$　$e^x \geq 1+x+\frac{x^2}{2}$　$e^x \geq 1+x+\frac{1}{2}x^2+\frac{1}{6}x^3$

<3> 证明：$\dfrac{1+x+\frac{1}{2}x^2}{e^x} \le 1$

$g(x)$

$g'(x) = \dfrac{(1+x)-(1+x+\frac{1}{2}x^2)}{e^x} = \dfrac{-\frac{1}{2}x^2}{e^x} \le 0$

∴ $g(x)$ 在 $[0,+\infty)$ ↓ ∴ $g(x) \le g(0) = 1$

<4> 证明：法1：$\dfrac{1+x^2}{e^x} \le 1$

法2：$f(x) = e^x - x^2 - 1$ $x \in [0,+\infty)$

$f'(x) = e^x - 2x$

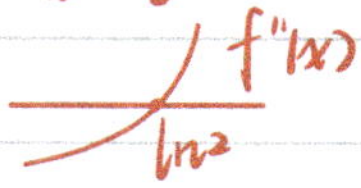

$f''(x) = e^x - 2$

$f'(x)$ 在 $[0,\ln 2)$ ↓ $[\ln 2,+\infty)$ ↑

$f'(\ln 2)_{min} = e^{\ln 2} - 2\ln 2 = 2 - 2\ln 2 > 0$

∴ $f'(x) \ge f'(\ln 2) > 0$ ∴ $f(x)$ 在 $[0,+\infty)$ ↑

$f(x) \ge f(0) = 0$ ∴ $f(x) \ge 0$ ∴ $e^x \ge x^2 + 1$

<5> $f(x) = \dfrac{1+x+\frac{1}{2}x^2+\frac{1}{6}x^3}{e^x}$ $f'(x) = \dfrac{1+x+\frac{1}{2}x^2-(1+x+\frac{1}{2}x^2+\frac{1}{6}x^3)}{e^x} = \dfrac{-\frac{1}{6}x^3}{e^x}$ ↓

∴ $f(x)$ 在 $(-\infty,0)$ ↑ $(0,+\infty)$ ∴ $f(x) \le f(0) = 1$

<6> $f(x) = (1-x)e^x$ $(x<1)$ ⇒ $e^x \ge x+1$ ⇒ $e^{-x} \ge 1-x$

$\dfrac{1}{e^x} \ge 1-x$

$e^x \le \dfrac{1}{1-x}$ 2022年 新高考I

$f'(x) = -xe^x$ + 0 −

$f(x)$ 在 $(-\infty, 0)\uparrow$ $(0,1)\downarrow$

$f(x) \le f(0) = 1$

$\therefore f(x) \le 1$

$e^x(1-x) \le 1$ $e^x \le \frac{1}{1-x}$

(7) $(2-x)e^x \le x+2$ “2016年全国卷考查”

$f(x) = x+2+(x-2)e^x$

$f'(x) = 1+(x-1)e^x$

$f''(x) = e^x+(x-1)e^x = e^x \cdot x$

$\therefore f'(x)$ 在 $(0,2)\uparrow$ $f'(x) \ge f'(0) = 0$

$\therefore f(x)$ 在 $[0,2)\uparrow$ $\therefore f(x) \ge f(0) = 0$

高中数学大佬必须会证之不等式

2、证明：

一阶

⟨1⟩ 当 $x>0$ 时　$\ln x \le x-1$　　$f(x)=x-1-\ln x$　$f'(x)=1-\frac{1}{x}$

$f(x)$ 在 $(0,1)\downarrow$ $(1,+\infty)\uparrow$　$\therefore f(x)\ge f(1)=0$

⟨2⟩ 当 $x>0$ 时　$x\to \frac{1}{e}x$　$\ln x \le \frac{1}{e}x$　　$\ln\frac{1}{e}x \le \frac{1}{e}x-1$　$\ln x-1\le \frac{1}{e}x-1$　$\ln x\le \frac{1}{e}x$

$x\to\frac{1}{x}$　　$\ln\frac{1}{x}\le\frac{1}{x}-1$　$-\ln x\le\frac{1}{x}-1$　$\ln x\ge 1-\frac{1}{x}$

⟨3⟩ 当 $x>0$ 时　$\ln x\ge 1-\frac{1}{x}$

$x\to x+1$　　$\ln(x+1)\le x+1-1$　$\ln(x+1)\le x$

⟨4⟩ 当 $x\ge 0$ 时　$\ln(x+1)\le x$

二阶　$f'(x)=\frac{1}{x+1}$　$f''(x)=\frac{-1}{(x+1)^2}$　$f'''(x)=\frac{2}{(x+1)^3}$　　$f(x)=f(0)+f'(0)x+\frac{f''(0)x^2}{2!}$

⟨5⟩ 当 $x\ge 0$ 时　$\ln(x+1)\ge x-\frac{x^2}{2}$　　在 $x=0$ 处展开

$\ln(x+1)=0+x+\frac{-x^2}{2!}+\frac{2x^3}{3!}$

泰勒展开式　　$\therefore \ln(x+1)=x-\frac{x^2}{2}+\frac{x^3}{3}-\frac{x^4}{4}+\frac{x^5}{5}+\cdots+$

⟨6⟩ 当 $x\ge 0$ 时　$\ln(x+1)\le x-\frac{x^2}{2}+\frac{x^3}{3}$

三阶

对数均值不等式

⟨7⟩ 当 $0<x<1$ 时，$\ln x>\frac{1}{2}(x-\frac{1}{x})$；

当 $x\ge 1$ 时，$\ln x\le\frac{1}{2}(x-\frac{1}{x})$

⟨8⟩ 当 $0<x<1$ 时　$\ln x<\frac{2(x-1)}{x+1}$

当 $x\ge 1$ 时　$\ln x\ge\frac{2(x-1)}{x+1}$

⟨6⟩ $f(x)=\ln(x+1)-x+\frac{x^2}{2}-\frac{x^3}{3}$　$x\ge 0$　　$f(0)=0$　$\therefore f(x)\downarrow$ 即可

$f'(x)=\frac{1}{x+1}-1+x-x^2=\frac{1-x-1+x^2+x-x^3-x^2}{x+1}=\frac{-x^3}{x+1}\le 0$

$\therefore f(x)$ 在 $(0,+\infty)\downarrow$　$\therefore f(x)\le f(0)=0$　$\therefore f(x)\le 0$

高中数学大佬必须会证之不等式

3. <对数均值不等式>

若 $0<a<b$，求证：$\frac{2}{a+b}<\frac{\ln b-\ln a}{b-a}<\frac{1}{\sqrt{ab}}$

$\ln\frac{b}{a}>\frac{2(b-a)}{a+b}=\frac{2(\frac{b}{a}-1)}{1+\frac{b}{a}}$　令 $\frac{b}{a}=x$

$\ln x>\frac{2(x-1)}{x+1}$　$x>1$

$f(x)=\ln x-\frac{2(x-1)}{x+1}$　$f'(x)=\frac{(x+1)^2-4x}{x(x+1)^2}=\frac{(x-1)^2}{x(x+1)^2}\geq 0$

$\therefore f(x)$ 在 $(1,+\infty)\uparrow$　$f(x)>f(1)=0$　$\therefore f(x)>0$　$\ln x>\frac{2(x-1)}{x+1}\ (x>1)$

$\ln\frac{b}{a}<\frac{b-a}{\sqrt{ab}}=\sqrt{\frac{b}{a}}-\sqrt{\frac{a}{b}}$

$\ln x<\sqrt{x}-\frac{1}{\sqrt{x}}$ 不好证

$2\ln\sqrt{\frac{b}{a}}<\sqrt{\frac{b}{a}}-\sqrt{\frac{a}{b}}$　令 $x=\sqrt{\frac{b}{a}}$　$x>1$

$g(x)=\ln x-\frac{1}{2}(x-\frac{1}{x})$

$g'(x)=\frac{1}{x}-\frac{1}{2}(1+\frac{1}{x^2})=\frac{2x-x^2-1}{2x^2}\leq 0$

$\therefore g(x)$ 在 $(1,+\infty)\downarrow$　$\therefore g(x)<g(1)=0$　$\therefore \ln x<\frac{1}{2}(x-\frac{1}{x})$

4. 指数均值不等式

若 $0<x_1<x_2$，求证 $\frac{2}{e^{x_2}+e^{x_1}}<\frac{x_2-x_1}{e^{x_2}-e^{x_1}}<\frac{1}{e^{\frac{x_1+x_2}{2}}}$

$\frac{2}{a+b}<\frac{\ln b-\ln a}{b-a}<\frac{1}{\sqrt{ab}}$

$a=e^{x_1}$　$\ln b=x_2$

$b=e^{x_2}$　$\ln a=x_1$　$\frac{2}{e^{x_2}+e^{x_1}}<\frac{x_2-x_1}{e^{x_2}-e^{x_1}}<\frac{1}{e^{\frac{x_1}{2}}\cdot e^{\frac{x_2}{2}}}$

证明：$(x_2-x_1)(e^{x_2}+e^{x_1})>2(e^{x_2}-e^{x_1})$

$(x_2-x_1)e^{x_1}(e^{x_2-x_1}+1)>2e^{x_1}(e^{x_2-x_1}-1)$

$(x_2-x_1)(e^{x_2-x_1}+1)>2(e^{x_2-x_1}-1)$

令 $x_2-x_1=x>0$

$x(e^{x}+1)>2e^{x}-2$

$f(x)=(x-2)e^{x}+x+2>0$

$(x_2-x_1)e^{\frac{x_1+x_2}{2}}<e^{x_2}-e^{x_1}$

$(x_2-x_1)e^{x_1}\cdot e^{\frac{x_2+x_1}{2}}<e^{x_1}(e^{x_2-x_1}-1)$

令 $\frac{x_2+x_1}{2}=x>0$

$2xe^{x}<e^{2x}-1$

$g(x)=e^{2x}-2xe^{x}-1$ $\quad g'(x)=2e^{2x}-2(x+1)e^{x}=2e^{x}(e^{x}-(x+1))\geq 0$

$g(x)$ 在 $(0,+\infty)\uparrow$ $\quad g(x)>g(0)=0$

www.ingramcontent.com/pod-product-compliance
Lightning Source LLC
Chambersburg PA
CBHW051755200326
41597CB00025B/4559
* 9 7 8 1 8 0 3 7 7 0 7 9 6 *